普通高等教育土建类专业信息化系列教材

土木工程材料实践指南

主　编	权娟娟	阳　桥	
副主编	陆婷婷	张明明	习　羽
参　编	胡雯雯	杨　光	张凯峰
	龙娈珍	王永刚	杨莎莎
	杨如东	陈　健	
主　审	傅少君		

西安电子科技大学出版社

内 容 简 介

　　本书共三部分，分别为实验基本知识、实验操作和表格与规范。实验操作又分为基础实验和综合实验两部分，涉及的材料有水泥、砂石、混凝土、砂浆、钢筋、烧结砖、沥青、智能建筑材料等；检测指标有材料的物理性能、力学性能及耐久性能等；实验过程囊括实验目的、意义、原理、步骤、数据计算、结果评定等。实验后基本都附有思考题及实验视频资源，为学生提供了更方便精准的学习路径，开拓了学生的思维和探索空间，更符合信息时代成长起来的新一代学生的学习方式。

　　本书可作为高等院校土木工程、工程管理、工程造价、给水排水工程等专业的教材，也可作为土建类专业师生和相关科研、施工、生产人员的参考用书。

图书在版编目(CIP)数据

　　土木工程材料实践指南/权娟娟，阳桥主编. —西安：西安电子科技大学出版社，2021.12
　　ISBN 978 - 7 - 5606 - 6191 - 9

　　Ⅰ.①土…　Ⅱ.①权…　②阳　Ⅲ.①土木工程—建筑材料—高等学校—教材　Ⅳ.①TU5

　　中国版本图书馆 CIP 数据核字(2021)第 215161 号

策划编辑　李鹏飞
责任编辑　李鹏飞
出版发行　西安电子科技大学出版社(西安市太白南路 2 号)
电　　话　(029)88202421　88201467　　　邮　编　710071
网　　址　www.xduph.com　　　　　　电子邮箱　xdupfxb001@163.com
经　　销　新华书店
印刷单位　咸阳华盛印务有限责任公司
版　　次　2021 年 12 月第 1 版　2021 年 12 月第 1 次印刷
开　　本　787 毫米×1092 毫米　1/16　印张 12.75
字　　数　298 千字
印　　数　1～3000 册
定　　价　37.00 元
ISBN 978 - 7 - 5606 - 6191 - 9/TU
XDUP 6493001 - 1

前　　言

　　土木工程材料是人类社会赖以发展的物质基础，是建筑领域科技进步的核心以及实现建筑现代化所必需的基本条件。土木工程材料的选择与使用决定着建筑物的安全性、适用性、经济性、耐久性等多项性能，而土木工程材料实验是合理选择与使用土木工程材料的重要依据，是土建类专业重要的实践教学环节，也是分析和研究土木工程材料的基本方法。为了进一步强化实验教学环节，满足时代发展的需求，课程组依据全国土木工程专业指导委员会制定的专业教学大纲，考虑跨学科建设的要求，在多年土木工程材料实验教学和研究工作的基础上编写了本书。本书为实验教材，可与土木工程材料理论教材配套使用。

　　本书具有以下特色：

　　（1）由 4 所应用型本科高校合编。这 4 所应用型本科高校分别是西京学院、武汉华夏理工学院、西安欧亚学院和武昌首义学院。

　　（2）纸质内容与数字化资源一体设计。本书提供了与纸质内容相匹配的 20 个详细的、规范的、高质量的实验微视频，以方便学生课前、课中、课后通过二维码详细观看实验操作的全过程；同时设计了与纸质内容相匹配的练习题，方便学生扫码作答的同时方便教师查看学习情况并有针对性地布置实验内容。

　　（3）校企合作，共同完成。本书在中建三局、中铁二十局、中建西部建设有限公司等企业专家的指导下编写，实验表格严格按照规范和企业标准设计。

　　本书由西京学院权娟娟、武汉华夏理工学院阳桥主编，由西京学院傅少君教授主审。第Ⅰ部分由西京学院胡雯雯编写，第Ⅱ部分中的 3.1～3.4 节由武汉华夏理工学院阳桥编写，3.5 节由西京学院陆婷婷编写，3.6、3.7 节由西京学院张明明编写，3.8 节由西京学院习羽编写，4.1 节由西京学院王永刚、权娟娟、杨如东、陈健编写，4.2.1 小节由武昌首义学院龙娈珍编写，4.2.2 小节由西安欧亚学院杨光编写，第Ⅲ部分表格由中建西部建设有限公司张凯峰高级工程师完成，全书由权娟娟统稿。实验视频由杨如东、陈健录制剪辑，由权娟娟、陆婷婷、张明明、习羽、王永刚、杨莎莎编写脚本及指导，由西京学院宣传处配音。本书在编写过程中得到了陕西省建筑实验示范中心主任王利东、胡雯雯，陕西省混凝土结构安全与耐久性重点实验室杨海鹏、王永刚老师的大力帮助和支持，同时，还得到了陕西省教育厅、中建三局西北公司、中铁二十局六公司、中建西部建设有限公司的大力支持，在此表示衷心感谢。限于编者水平，书中难免有疏漏与不妥之处，敬请读者批评指正。

编　者

2021 年 9 月

目　　录

第 I 部分　实验基本知识

　　土木工程材料是一门实践性很强的课程，要掌握工程材料的性能，不仅需要学习材料的基础理论知识，还要学习相关实验的基本知识，如仪器设备的工作原理和操作技能等。通过材料实验，能进一步掌握工程材料的性能，现有工程材料的理论知识和技术工艺也是通过材料实验逐步积累和完善的。为使现代建筑满足结构设计和环保的要求，技术人员需要不断研发新型的土木工程材料，科学的材料实验将继续推动土木工程的发展。

第 1 章　实验任务与实验过程

　　材料实验是土木工程材料课程的重要教学环节，学生要按照相关实验规范和操作要求完成实验，通过实验现象和实验结果验证理论知识，从而掌握科学的研究方法，培养严谨的科学态度，提高独立分析问题、处理问题的能力。

1.1　实验任务

　　土木工程材料实验任务主要有以下几点：
　　(1) 学习实验方法，掌握仪器设备的工作原理和操作过程。
　　(2) 处理实验数据，分析实验结果并独立完成实验报告。
　　(3) 分析、检验工程原材料或成品的质量和技术性能。

1.2　实验过程

　　实验者应做好充分的实验前准备工作，这是顺利完成实验并取得正确科学结论的保障。

1. 实验准备

　1) 理论知识准备

　　实验前应认真预习实验教材，并复习与实验有关的理论知识，明确实验目的和实验原理，了解实验操作步骤及注意事项，有目的、有步骤地进行实验，并准备好实验数据表格，方便在实验过程中及时记录数据。

　2) 仪器设备准备

　　实验前应了解仪器的工作原理、工作条件和注意事项等内容，仔细阅读实验室操作规程，防止在实验过程中损坏仪器设备或者发生安全事故，在老师的指导下有序、安全地进行实验。

2. 实验过程

1）取样与试件制备

进行原材料或成品的实验时，往往不可能对全部材料都进行检测，一般可选取其中有代表性的、能反映整批材料质量性能的一部分作为实验对象。对实验对象的选择称为取样。

取样完成后，根据不同实验的目的进行实验操作。有的实验在取样后可直接进行，如水泥细度实验、砖的表观密度实验等；有的需要在取样后按照规范先进行试件的制作，如水泥的凝结时间实验、混凝土强度实验等。

2）实验操作

在实验操作过程中应保持科学严谨的态度，按照实验顺序有条理地进行实验，切勿为了"省事"而出现跳过实验步骤或称量不准确等现象。仪器操作应依据规程和工作原理，严格遵守实验室仪器使用安全注意事项，避免仪器意外损坏或发生安全事故。实验过程中应及时准确地将数据记录在实验表格中，细心观察实验现象，运用有关理论解释实验中的问题，将不解之处记录在实验报告中或与老师讨论。

若实验中出现明显不合理的数据，需要认真分析，找出原因，进行补充实验；在多次相同实验中，如果测试出完全相同的数据，也应该完整记录下来；记录实验数据要使用规定的计量单位，数据记录应工整、清晰、准确。

实验时要爱护仪器设备，保持实验室的整洁，遵守实验室的规定。工作中如发现仪器设备有问题，应及时报告老师。每次实验结束后，都要及时清洗并整理好用过的器具，将其放回原来的位置，经实验室管理员清点、检查无误后可离并实验室。

3）实验数据整理与分析

实验数据整理包括填写原始数据记录表格，描述及记录实验现象，运用适合的数据处理方法，剔除偏差较大的数据，在此基础上对实验数据进行计算并得出结果。

实验数据分析主要是指对实验结果进行讨论，如分析实验数据对应的实验现象，对不合理的实验数据要探究其产生的原因。最后以实验报告的形式给出实验结论，并做出必要的理论解释和原因分析。

第 2 章　实验数据统计和分析方法

通过实验直接测得的数据并不是最终结果，需要运用数据分析方法对原始数据进行整理、计算，并分析数据和实验现象的本质联系，才能达到实验的目的。

2.1　实验误差分析

在一定的实验条件下，由实验人员使用规定的仪器与工具进行实验，依据科学的理论与方法测量得到原始数据，在此过程中诸多因素会影响原始数据的准确性，如实验环境、仪器设备的灵敏度、实验人员操作的规范性、实验方法和数据分析的局限性等。理论上通过实验能得到测量的真值，但是在诸多因素影响下测量结果和被测真值之间总是存在一定的偏差，这种偏差叫作测量值的误差。每个测量结果都包含一定的误差。设测量值为 x，真值为 A，则误差 ε 表示为：

$$\varepsilon = |x - A| \tag{2-1}$$

进行实验误差分析的目的是尽可能缩小测量结果的误差，求出最接近被测量真值的近似值，并估计该近似值的可靠度。测量误差按照产生原因的不同，可分为系统误差、偶然误差和粗大误差，测量中多因素造成的误差可由三类误差混杂组成。

1. 系统误差

在一定的测量条件下，对同一被测量进行多次测量，若测量误差的大小和符号总是保持恒定，或按某一确定的规律变化，这种测量误差称为系统误差。系统误差的产生与下列因素有关：

（1）实验时的环境因素，如温度、湿度、气压的逐时变化等。

（2）仪器设备问题，如刻度的不均匀、测量精度有限等。

（3）测量方法的影响与限制，如实验方法不恰当，相关影响因素在测量结果表达式中没有得到反映，或者计算公式不够严谨以及公式使用近似系数等。

（4）实验人员的操作习惯，如读数时，眼睛位置总是偏高或偏低，记录数据的时间总是较为滞后等。

由于系统误差的上述特性，因此反复多次实验可能也无法消除系统误差。通常情况下，可以采取不同的实验技术和方法判断系统误差是否存在。若存在系统误差，要分析产生系统误差的原因，再设法减小或消除。

2. 偶然误差

在同一实验条件下，对同一被测量进行多次测量，测量值总有稍许变化且变化数值不定，在消除系统误差的情况下仍然如此，这种误差称为偶然误差，也叫随机误差。偶然误差产生的原因较为复杂，影响的因素很多，难以确定某个因素的影响程度，因此难以找出偶然误差产生的确切原因并加以排除。相关实验表明，多次测量所得到的一系列数据的偶然误差都遵循一定的规律。

（1）绝对值相等的正负误差出现概率相同，绝对值小的误差比绝对值大的误差出现的概率大。

（2）误差不会超出一定的范围，偶然误差的算术平均值随着测量次数的无限增加而趋近于零。

在同一测量条件下，对同一被测量进行多次测量，将测量的数据的算术平均值作为测量结果，能有效减小偶然误差。但一味地增加测量次数同样会增加测量时间，也会使观测者疲劳，有可能引起更大的测量误差，所以测量次数不宜过多，4～10次即可。

3. 粗大误差

凡是客观条件下不能合理解释的明显的误差称为粗大误差，也叫过失误差。粗大误差是观测者在观测、记录和整理数据过程中，由于缺乏经验或粗心大意等原因引起的。缺乏实验经验的操作者在实验过程中容易造成实验误差，操作者应提高实验水平，努力避免粗大误差的出现。

无论因何因素造成测量结果的误差，都可以用测量的精密度、准确度和精确度等指标来评判测量结果的好坏。测量的精密度高是指测量数据比较集中，偶然误差较小，但系统误差的大小不明确；测量的准确度高是指测量数据的平均值偏离真值较小，测量结果的系统误差较小，但数据分散的情况（即偶然误差的大小）不明确；测量的精确度高是指测量数据多集中在真值附近，即测量的系统误差和偶然误差都比较小，精确度是对测量的偶然误差与系统误差的综合评价。

2.2　数据处理与误差计算

1. 范围误差（极差）

在实际测量中，实验数值中最大值与最小值之差称为范围误差或极差，它表示数据离散的范围，可用来度量数据的离散性。范围误差可表现为：

$$\omega = x_{\max} - x_{\min} \qquad (2-2)$$

式中：ω——范围误差（极差）；

$x_{\max}$——实验数据的最大值；

$x_{\min}$——实验数据的最小值。

2. 算术平均误差

实验测得一批实验数据，各实验数据值与被测量真值之差的平均值称为算术平均误差。算术平均误差可反映多次测量产生误差的整体平均状况。由于被测量真值难以确定，因此常用该批实验数据的算术平均值来近似被测量的真值。算术平均误差可表示为：

$$\delta = \frac{|\varepsilon_1| + |\varepsilon_2| + \cdots + |\varepsilon_n|}{n}$$
$$= \frac{|x_1 - A| + |x_2 - A| + \cdots + |x_n - A|}{n}$$
$$= \frac{|x_1 - \overline{x}| + |x_2 - \overline{x}| + \cdots + |x_n - \overline{x}|}{n}$$

$$= \frac{\sum\limits_{i=1}^{n} |x_i - \overline{x}|}{n} \tag{2-3}$$

式中：δ——算术平均误差；

　　　$x_1, x_2, \cdots, x_n$——各实验数据值；

　　　$\varepsilon_1, \varepsilon_2, \cdots, \varepsilon_n$——各实验数据测量误差；

　　　A——被测量的真值；

　　　$\overline{x}$——实验数据的算术平均值；

　　　n——实验数据的个数。

【例 2-1】　将 150 mm×150 mm×150 mm 的混凝土试块，以三块为一组做混凝土抗压实验，测得抗压强度值为 42.15 MPa、43.26 MPa、42.96 MPa，求其算术平均误差。

【解】　计算可得这组实验数据的平均抗压强度为 42.79 MPa，所以其算术平均误差为

$$\delta = \frac{|x_1 - \overline{x}| + |x_2 - \overline{x}| + \cdots + |x_n - \overline{x}|}{n}$$

$$= \frac{|42.15 - 42.79| + |43.26 - 42.79| + |42.96 - 42.79|}{3} = 0.43 \text{ MPa}$$

3. 标准差

评定测量结果只知道误差的平均值是不够的，还必须了解数据的波动性，标准差（均方根差）是衡量数据波动性（离散性大小）的指标，计算公式为

$$\sigma = \sqrt{\frac{\varepsilon_1^2 + \varepsilon_2^2 + \cdots + \varepsilon_n^2}{n-1}}$$

$$= \sqrt{\frac{(x_1 - \overline{x})^2 + (x_2 - \overline{x})^2 + \cdots + (x_n - \overline{x})^2}{n-1}} \tag{2-4}$$

$$= \sqrt{\frac{\sum\limits_{i=1}^{n} (x_i - \overline{x})^2}{n-1}}$$

式中：σ——标准差；

　　　$x_1, x_2, \cdots, x_n$——各实验数据值；

　　　$\varepsilon_1, \varepsilon_2, \cdots, \varepsilon_n$——各实验数据测量误差；

　　　$\overline{x}$——实验数据的算术平均值；

　　　n——实验数据的个数。

【例 2-2】　某水泥厂 9 月份生产了 8 个编号的 32.5 粉煤灰硅酸盐水泥，经过测试，这 8 个编号的水泥 28 天抗压强度分别为 37.2、35.3、38.3、35.4、36.5、37.2、38.6、37.7（单位为 MPa），求其标准差。

【解】　先计算出这 8 个编号的水泥抗压强度的算术平均值 $\overline{x}$ 和 $\sum\limits_{i=1}^{n} (x_i - \overline{x})^2$，再求其标准差 σ。求解过程如下：

$$\overline{x} = \frac{\sum\limits_{i=1}^{n} x_i}{n} = 37.025$$

$$\sum_{i=1}^{n}(x_i-\overline{x})^2=10.515$$

$$\sigma=\sqrt{\frac{\sum\limits_{i=1}^{n}(x_i-\overline{x})^2}{n-1}}=1.23\ \text{MPa}$$

4. 极差估计法确定标准差

利用极差估计法确定标准差的主要优点是计算方便，但反映实际情况的精确度较差。

（1）当数据不多时（$n \leqslant 10$），利用极差法估计标准误差的计算式为：

$$\sigma=\frac{1}{d_n}\omega \tag{2-5}$$

（2）当数据很多时（$n > 10$），将数据随机分成若干个数量相等的组，然后对每组求极

差，并计算极差平均值 $\overline{\omega}=\dfrac{\sum\limits_{i=1}^{n}\omega_i}{m}$，此时标准差的估计值用下式计算：

$$\sigma=\frac{1}{d_n}\overline{\omega} \tag{2-6}$$

式中：σ——标准差；

$\quad\quad d_n$——与 n 有关系的系数，见表 2-1；

$\quad\quad \omega$、$\overline{\omega}$——极差及各组极差平均值；

$\quad\quad m$——数据分组的组数；

$\quad\quad n$——实验数据的个数。

表 2-1　极差估计法系数表

n	1	2	3	4	5	6	7	8	9	10
d_n	—	1.128	1.693	2.059	2.326	2.534	2.704	2.847	2.970	3.078
$1/d_n$	—	0.886	0.591	0.486	0.429	0.395	0.369	0.351	0.337	0.325

5. 变异系数

标准差是表征数据绝对波动大小的指标，标准差越大，说明材料性能测量数据的分布曲线的拐点距离测量数据平均值的距离越大，表明测量数据离散程度越大，材料质量越不稳定。一般情况，当被测量的量值较大时，标准差一般较大，当被测量的量值较小时，绝对误差一般较小。例如，当被测量的混凝土强度等级较高时，由于混凝土生产需要较高的生产能力水平，导致测量绝对误差一般较大；当被测量的混凝土强度等级较小时，由于混凝土生产不需要高的生产能力水平，导致绝对误差一般较小。因此要考虑相对波动的大小。用标准差与实验数据算术平均值之比的百分率表示变异系数。变异系数与标准差相比，能表达标准差所表示不出来的数据波动情况，具有独特的工程意义，变异系数的计算式为：

$$C_v=\frac{\sigma}{\overline{x}}\times100\% \tag{2-7}$$

式中：C_v——变异系数；

$\quad\quad \sigma$——标准差；

$\overline{x}$——实验数据的算术平均值。

【例 2 - 3】　对两个品牌的普通硅酸盐水泥进行抽检，得出甲品牌生产出来的水泥平均强度为 38.84 MPa，标准差为 1.54 MPa；乙品牌生产出来的水泥平均强度为 37.53 MPa，标准差为 1.51 MPa。请分析两品牌水泥的变异系数。

【解】　甲水泥的变异系数：

$$C_v = \frac{\sigma}{\overline{x}} \times 100\% = \frac{1.54}{38.84} \times 100\% = 3.96\%$$

乙水泥的变异系数：

$$C_v = \frac{\sigma}{\overline{x}} \times 100\% = \frac{1.51}{37.53} \times 100\% = 4.02\%$$

从标准差指标上看，甲品牌水泥的绝对波动性大于乙品牌水泥的；但从变异系数指标上看，乙品牌水泥的大于甲品牌水泥的。说明乙品牌水泥平均强度的相对波动性比甲品牌水泥的大，产品稳定性较差。

6. 正态分布和概率

在实际数据分析中，正态分布应用最广，正态分布的概率密度函数如下：

$$\phi(x) = \frac{1}{\sqrt{2\pi}\sigma} e^{-\frac{(x-\mu)^2}{2\sigma^2}} \tag{2-8}$$

式中：x——实验数据值；

μ——曲线最高点的横坐标，即正态分布的均值；

σ——正态分布的标准差。

σ 值的大小表示曲线的"胖瘦"程度，σ 越大，曲线越胖，数据越分散；反之，表示数据越集中。

确定出正态分布的均值和标准差，就可以画出正态分布曲线。数据值落入任意区间 (a, b) 的概率 $P(a < x < b)$ 是确定的，其值等于 $x_1 = a$，$x_2 = b$ 时的横坐标和曲线 $\phi(x)$ 所围成图形的面积，可用下式求出：

$$P(a < x < b) = \frac{1}{\sqrt{2\pi}\sigma} \int_a^b e^{-\frac{(x-\mu)^2}{2\sigma^2}} dx \tag{2-9}$$

通过计算可得，数据值落在 $(\mu-\sigma, \mu+\sigma)$ 的概率是 68.3%，落在 $(\mu-2\sigma, \mu+2\sigma)$ 的概率是 95.4%，落在 $(\mu-3\sigma, \mu+3\sigma)$ 的概率是 99.7%。

在实际工程中经常遇到概率的分布问题，例如，要计算一批混凝土的强度低于设计要求强度的概率大小，就可用如下概率分布函数求得：

$$F(x_0) = \int_{-\infty}^{x_0} \varphi(x) dx = \frac{1}{\sqrt{2\pi}\sigma} \int_{-\infty}^{x_0} e^{-\frac{(x-\mu)^2}{2\sigma^2}} dx \tag{2-10}$$

令 $t = \frac{x-\mu}{\sigma}$，则

$$\phi(t) = \frac{1}{\sqrt{2\pi}} e^{-\frac{t^2}{2}}$$

$$F(t) = \frac{1}{\sqrt{2\pi}} \int_{-\infty}^t e^{-\frac{t^2}{2}} dt \tag{2-11}$$

根据上述条件编制表 2-2、表 2-3，可方便计算。

表 2-2　标准正态分布表

x	0	0.01	0.02	0.03	0.04	0.05	0.06	0.07	0.08	0.09
0	0.5000	0.504 0	0.508 0	0.512 0	0.516 0	0.519 9	0.523 9	0.527 9	0.531 9	0.535 9
0.1	0.5398	0.543 8	0.547 8	0.551 7	0.555 7	0.559 6	0.563 6	0.567 5	0.571 4	0.575 3
0.2	0.5793	0.583 2	0.587 1	0.591 0	0.594 8	0.598 7	0.602 6	0.606 4	0.610 3	0.614 1
0.3	0.617 9	0.621 7	0.625 5	0.629 3	0.633 1	0.636 8	0.640 4	0.644 3	0.648 0	0.651 7
0.4	0.655 4	0.659 1	0.662 8	0.666 4	0.670 0	0.673 6	0.677 2	0.680 8	0.684 4	0.687 9
0.5	0.691 5	0.695 0	0.698 5	0.701 9	0.705 4	0.708 8	0.712 3	0.715 7	0.719 0	0.722 4
0.6	0.725 7	0.729 1	0.732 4	0.735 7	0.738 9	0.742 2	0.745 4	0.748 6	0.751 7	0.754 9
0.7	0.758 0	0.761 1	0.764 2	0.767 3	0.770 3	0.773 4	0.776 4	0.779 4	0.782 3	0.785 2
0.8	0.788 1	0.791 0	0.793 9	0.796 7	0.799 5	0.802 3	0.805 1	0.807 8	0.810 6	0.813 3
0.9	0.815 9	0.818 6	0.821 2	0.823 8	0.826 4	0.828 9	0.835 5	0.834 0	0.836 5	0.838 9
1	0.841 3	0.843 8	0.846 1	0.848 5	0.850 8	0.853 1	0.855 4	0.857 7	0.859 9	0.862 1
1.1	0.864 3	0.866 5	0.868 6	0.870 8	0.872 9	0.874 9	0.877 0	0.879 0	0.881 0	0.883 0
1.2	0.884 9	0.886 9	0.888 8	0.890 7	0.892 5	0.894 4	0.896 2	0.898 0	0.899 7	0.901 5
1.3	0.903 2	0.904 9	0.906 6	0.908 2	0.909 9	0.911 5	0.913 1	0.914 7	0.916 2	0.917 7
1.4	0.919 2	0.920 7	0.922 2	0.923 6	0.925 1	0.926 5	0.927 9	0.929 2	0.930 6	0.931 9
1.5	0.933 2	0.934 5	0.935 7	0.937 0	0.938 2	0.939 4	0.940 6	0.941 8	0.943 0	0.944 1
1.6	0.945 2	0.946 3	0.947 4	0.948 4	0.949 5	0.950 5	0.951 5	0.952 5	0.953 5	0.953 5
1.7	0.955 4	0.956 4	0.957 3	0.958 2	0.959 1	0.959 9	0.960 8	0.961 6	0.962 5	0.963 3
1.8	0.964 1	0.964 8	0.965 6	0.966 4	0.967 2	0.967 8	0.968 6	0.969 3	0.970 0	0.970 6
1.9	0.971 3	0.971 9	0.972 6	0.973 2	0.973 8	0.974 4	0.975 0	0.975 6	0.976 2	0.976 7
2	0.977 2	0.977 8	0.978 3	0.978 8	0.979 3	0.979 8	0.980 3	0.980 8	0.981 2	0.981 7
2.1	0.982 1	0.982 6	0.983 0	0.983 4	0.983 8	0.984 2	0.984 6	0.985 0	0.985 4	0.985 7
2.2	0.986 1	0.986 4	0.986 8	0.987 1	0.987 4	0.987 8	0.988 1	0.988 4	0.988 7	0.989 0
2.3	0.989 3	0.989 6	0.989 8	0.990 1	0.990 4	0.990 6	0.990 9	0.991 1	0.991 3	0.991 6
2.4	0.991 8	0.992 0	0.992 2	0.992 5	0.992 7	0.992 9	0.993 1	0.993 2	0.993 4	0.993 6
2.5	0.993 8	0.994 0	0.994 1	0.994 3	0.994 5	0.994 6	0.994 8	0.994 9	0.995 1	0.995 2
2.6	0.995 3	0.995 5	0.995 6	0.995 7	0.995 9	0.996 0	0.996 1	0.996 2	0.996 3	0.996 4
2.7	0.996 5	0.996 6	0.996 7	0.996 8	0.996 9	0.997 0	0.997 1	0.997 2	0.997 3	0.997 4
2.8	0.997 4	0.997 5	0.997 6	0.997 7	0.997 7	0.997 8	0.997 9	0.997 9	0.998 0	0.998 1
2.9	0.998 1	0.998 2	0.998 2	0.998 3	0.998 4	0.998 4	0.998 5	0.998 5	0.998 6	0.998 6

表 2 - 3　标准正态分布 t 值表

t	$\varphi(t)$	t	$\varphi(t)$	t	$\varphi(t)$
$3.00 \sim 3.01$	0.9987	$3.15 \sim 3.17$	0.9992	$3.40 \sim 3.48$	0.9997
$3.02 \sim 3.05$	0.9988	$3.18 \sim 3.21$	0.9993	$3.49 \sim 3.61$	0.9998
$3.06 \sim 3.08$	0.9989	$3.22 \sim 3.26$	0.9994	$3.62 \sim 3.89$	0.9999
$3.09 \sim 3.11$	0.9990	$3.27 \sim 3.32$	0.9995	$3.89 \sim \infty$	1.0000
$3.12 \sim 3.14$	0.9991	$3.33 \sim 3.39$	0.9996		

【例 2 - 4】　如果一批混凝土试件的强度数据呈正态分布，试件的平均强度为 41.9 MPa，其标准差为 3.56 MPa，求强度低于 30 MPa 的概率。

【解】

$$P(x < 30) = \int_{-\infty}^{30} \phi(x)\,\mathrm{d}x = \frac{1}{\sqrt{2\pi}} \int_{-\infty}^{t} \mathrm{e}^{-\frac{t^2}{2}}\,\mathrm{d}t$$

$$= \phi\left(\frac{30 - 41.9}{3.56}\right) = \phi(-3.34)$$

$$= 1 - 0.9996 = 0.0004$$

7. 可疑数据的取舍

在一组条件完全相同的重复实验中，当发现有某个过大或过小的可疑数据时，应按数理统计方法进行鉴别并决定取舍。常用的方法有三倍标准差法和格拉布斯法。

1）三倍标准差法

三倍标准差法是美国混凝土标准（ACT214 - 65）所采用的方法，它的判定准则是：

$$|x_i - \overline{x}| > 3\sigma \tag{2-12}$$

式中：x_i——任意实验数据值；

$\overline{x}$——实验数据的算术平均值；

σ——标准差。

另外规定，当 $|x_i - \overline{x}| > 2\sigma$ 时，数据可以保留，但存在可疑性。

2）格拉布斯法

三倍标准差法适用于测量次数 $n > 10$ 或预先经大量重复测量已统计出其标准误差 σ 的情况，不同于三倍标准差法，格拉布斯法在测量次数较少，且事先不知标准差的情况下也能对可疑数字进行取舍，判别步骤如下：

（1）把实验所得数据从小到大依次排列：$x_1, x_2, \cdots, x_n$。

（2）选定显著性水平 α（一般 $\alpha = 0.05$），并根据 n 及 α，从表 2 - 4 中求得 $T(n, \alpha)$ 值。

（3）计算统计量 T 值：

当 x_1 可疑时：

$$T = \frac{\overline{x} - x_1}{\sigma} \tag{2-13}$$

当最大值 x_n 可疑时：

$$T = \frac{x_n - \overline{x}}{\sigma} \tag{2-14}$$

式中：n——实验数据的个数；

$\overline{x}$——实验数据的算术平均值；

σ——标准差。

（4）判断。

当计算的统计量 $T \geqslant T(n, \alpha)$ 时，则假设的可疑数据是对的，应当舍弃；当计算的统计量 $T \leqslant T(n, \alpha)$ 时，应当保留。

表 2-4　部分 $T(n, \alpha)$ 临界值表

α	n							
	3	4	5	6	7	8	9	10
5.0%	1.153	1.425	1.672	1.822	1.938	2.032	2.110	2.176
2.5%	1.155	1.481	1.715	1.887	2.020	2.126	2.215	2.290
1.0%	1.155	1.492	1.749	1.944	2.097	2.22	2.323	2.410

以上两种方法中，三倍标准差法相对简单，几乎绝大部分数据可不舍弃，格拉布斯法是以正态分布为前提的，理论上较严谨，对样本中仅混入一个异常值的情况判别效率较高，且适用范围较宽，但使用较复杂。

8. 有效数字与数字修约

对实验测得的数据不但要进行翔实记录，而且还要进行各种运算。哪些数字是有效数字，需要记录哪些实验数据，对运算后的数字如何取舍，都应当遵循一定的规则。

一般来讲，仪器设备显示的数字均为有效数字，应读出并记录，包括最后一位的估计读数，分度式仪表的读数一般要估读到最小分度的 1/10。例如用最小分度为毫米的直尺，测得某物的长度为 72.6 mm，其中 7 和 2 是准确读出米的，最后一位 6 是估读的，由于尺子本身在这一位有误差，所以数字 6 存在一定的误差，虽然不是十分准确，但 6 还是能够近似地反映出这一位数值的信息，应算为有效数字。即使仪器设备上显示最后一位是 0，也应记录下来，此时 0 也是有效数字的一个位数。

运算后的有效数字，应依据误差理论来确定。加减运算后小数点后有效数字的位数可与参加加减运算各数中小数点后有效数字位数最少的相同；乘除运算后有效数字位数可与参加运算的各数中有效数字位数最小的相同。关于数字修约问题，《标准化工作导则》中有具体规定：

（1）在拟舍弃的数字中，保留数位的后一位数值小于 5 时，后面的数值直接舍去，保留数位的末位数值不变；保留数位的后一位数值大于 5 时，后面的数值舍去并对保留数的末位数值加 1。

（2）在拟舍弃的数字中，保留数位的后一位数值等于 5 时，若 5 后面的数值并非全部为 0 时，则后面的数值舍去并对保留数的末位数值加 1；若 5 后面的数值全部为 0 时，此时观察保留数末位的数值是奇数还是偶数，若保留数的末位数值是奇数，则后面的数值舍去并对末位数值加 1，若保留数的末位数值是偶数，则后面的数值直接舍去。例如，将 0.6500、1.350 和 1.256 修约到保留一位小数，修约后分别是 0.6、1.4 和 1.3。

（3）若拟舍弃的数字为两位以上的数字，按照上述规定一次修约得出结果，不可进行多次修约。

第Ⅱ部分　实验操作

第3章　基础实验

3.1　水泥基本性能检测

3.1.1　概述

1. 检测的意义

水泥是土木工程中使用最广泛的水硬性胶凝材料，掌握水泥的实验方法，对深入了解水泥的技术性能以及水泥混凝土、水泥砂浆等水泥制品的性能特点都具有重要意义。水泥的种类很多，技术性质也存在较大差异，本节重点介绍硅酸盐水泥的技术性质和实验方法。

2. 检测的内容

（1）细度。水泥的细度是指水泥颗粒的总体粗细程度。水泥的细度对水泥制品的技术性能有很大影响，水泥颗粒粒径一般在 0.007～0.2 mm 之间。水泥颗粒越细，水泥的水化速度越快且越完全，产生的强度就越大，但成本较高，硬化收缩量较大。如果水泥颗粒过粗，则不利于水泥活性的发挥。水泥的细度可用比表面积法和筛析法进行检验。硅酸盐水泥的比表面积应大于 300 m²/kg。矿渣硅酸盐水泥、火山灰硅酸盐水泥、粉煤灰硅酸盐水泥和复合硅酸盐水泥的细度用筛析法检验时，其 0.08 mm 方孔筛筛余量不得超过 10.0%或 0.045 mm 方孔筛筛余量不得超过 30.0%；用比表面积法检验时，比表面积不得小于 2400 m²/kg，如结果存有争议，以筛析法检验结果为准。

（2）凝结时间。水泥的凝结时间分为初凝时间和终凝时间。初凝时间是指从水泥加水拌合至标准稠度净浆开始失去可塑性所需的时间。终凝时间是指从水泥加水拌合至标准稠度净浆完全失去塑性并开始产生强度所需的时间。由于水泥初凝和终凝时间对施工各环节具有较大影响，因此国标规定硅酸盐水泥的初凝时间应不小于 45 min，终凝时间应不大于 390 min。普通硅酸盐水泥、矿渣硅酸盐水泥、火山灰硅酸盐水泥、粉煤灰硅酸盐水泥和复合硅酸盐水泥的初凝时间应不小于 45 min，终凝时间应不大于 600 min。

（3）体积安定性。水泥的体积安定性是指水泥在凝结硬化过程中体积变化的均匀性。体积变化不均匀，即水泥的体积安定性不良，水泥制品会产生膨胀性裂缝，降低建筑工程质量，甚至造成工程事故。水泥在凝结硬化过程中，体积变化均匀，称为安定性合格。用沸煮法检验水泥的体积安定性必须达到合格标准，否则应按废品处理。

（4）强度。强度是水泥最主要的性能指标，水泥的强度等级按规定龄期的抗压强度和抗折强度来划分。硅酸盐水泥、普通硅酸盐水泥的强度应符合表 3-1 的要求。火山灰硅酸盐水泥、粉煤灰硅酸盐水泥、矿渣硅酸盐水泥和复合硅酸盐水泥的强度应符合表 3-2 的要求。快硬硅酸盐水泥各龄期的强度应符合表 3-3 的要求。

检测品的细度和终凝时间中任一项不符合国家标准或强度低于该商品强度等级规定的指标时，该水泥为不合格品；凡初凝时间、安定性中的任一项不符合国家标准时，该水泥为废品。

表 3-1　硅酸盐水泥、普通硅酸水泥各龄期强度要求

水泥品种	强度等级	抗压强度/MPa		抗折强度/MPa	
		3d	28d	3d	28d
硅酸盐水泥	42.5	≥17.0	≥42.5	≥3.5	≥6.5
	42.5R	≥22.0	≥42.5	≥4.0	≥6.5
	52.5	≥23.0	≥52.5	≥4.0	≥7.0
	52.5R	≥27.0	≥52.5	≥5.0	≥7.0
	62.5	≥28.0	≥62.5	≥5.0	≥8.0
	62.5R	≥32.0	≥62.5	≥5.5	≥8.0
普通硅酸盐水泥	42.5	≥17.0	≥42.5	≥3.5	≥6.5
	42.5R	≥22.0		≥4.0	
	52.5	≥23.0	≥52.5	≥4.0	≥7.0
	52.5R	≥27.0		≥5.0	

表 3-2　火山灰、粉煤灰、矿渣、复合硅酸盐水泥各龄期强度要求

强度等级	抗压强度/MPa		抗折强度/MPa	
	3d	28d	3d	28d
32.5	≥10.0	≥32.5	≥2.5	≥5.5
32.5R	≥15.0	≥32.5	≥3.5	≥5.5
42.5	≥15.0	≥42.5	≥3.5	≥6.5
42.5R	≥19.0	≥42.5	≥4.0	≥6.5
52.5	≥21.0	≥52.5	≥4.0	≥7.0
52 5R	≥23.0	≥52.5	4≥.5	≥7.0

表 3-3　快硬硅酸水泥各龄期强度要求

标号	抗压强度/MPa			抗折强度/MPa		
	1d	3d	28d	1d	3d	28d
325	≥15.0	≥32.5	≥52.5	≥3.5	≥5.0	≥7.2
375	≥17.0	≥37.5	≥57.5	≥4.0	≥6.0	≥7.6
425	≥19.0	≥42.5	≥62.5	≥4.5	≥6.4	≥8.0

3. 水泥实验的一般规定

水泥实验取样应按照(GB/T12573—2008)《水泥取样方法》标准进行。水泥出厂前按同品种、同强度等级进行编号和取样，出厂编号根据年产量情况按表3-4规定进行。

表3-4　水泥出厂编号规定

编号	规　定　内　容	编号	规　定　内　容
Ⅰ	200万吨以上，不超过1200吨为一编号	Ⅱ	60~12万吨，不超过1000吨为一编号
Ⅲ	30~60万吨，不超过600吨为一编号	Ⅳ	10~30万吨，不超过400吨为一编号
Ⅴ	4~10万吨，不超过200吨为一编号	Ⅵ	4万吨以下，不超过200吨和三天产量为一编号

(1) 取样应在有代表性的部位进行，并且不应在污染严重的环境中取样。一般可在以下位置取样：① 水泥输送管路中；② 袋装水泥堆场；③ 散装水泥卸料处或水泥运输机具上。

(2) 对袋装水泥取样时，先在每一个编号内随机抽取不少于20袋水泥，然后将取样器沿对角线方向插入水泥包装袋中，用大拇指按住取样管气孔，小心抽出取样管，最后将所取样品放入洁净、干燥、不易污染的容器中，每次抽取的单样量应尽量一致。

(3) 在散装水泥料场取样，当取样深度不超过2 m时，每一个编号内使用散装水泥取样器随机取样。通过转动取样器内管控制开关，在适当位置插入水泥一定深度，关闭后小心抽出。然后把抽取的样品放入洁净、干燥、不易污染的容器中，每次抽取的单样量应尽量一致。

(4) 取样量。袋装水泥：每1~10编号从一袋中至少取6 kg。散装水泥：每1~10编号5 min内至少取6 kg。

(5) 实验室温度应为17~25℃，相对湿度不低于50%；养护箱温度为(20±2)℃，相对湿度不低于90%；养护池水温为(20±1)℃。水泥试样、标准砂、拌合水及仪器用具的温度应与实验室温度相同。实验用水须是洁净的淡水。

4. 样品制备

(1) 样品缩分。

样品缩分是获得可靠性实验结果的重要环节。样品缩分可使用二分器，一次或多次将样品缩分到标准要求的规定量，每一编号所取水泥单样过0.9 mm方孔筛后充分混匀，均分为实验样和封存样两种类型。存放样品的容器应加盖标有编号、取样时间、取样地点和取样人的密封印，样品不得混入杂物和结块。

(2) 样品贮存。

样品取得后应存放在密封的金属容器中并加封条。容器应洁净、干燥、防潮、密闭、不易破损、不与水泥发生反应。封存样应密封贮存，贮存期应符合相应标准的规定。

5. 保管水泥的注意事项

水泥属于水硬性胶凝材料，受潮会发生水化反应，凝结成块状，严重时会全部结块不能使用，所以水泥在贮存、运输等过程中应保持干燥。不同品种、不同强度等级的水泥应分别贮存，不得混放。施工用的水泥贮存期不能过长，在空气中的水分和二氧化碳的作用下，水泥强度会降低，在一般条件下三个月后的强度约降低 $10\%\sim20\%$，时间越长，强度降低越多，所以规定大部分水泥的贮存期为三个月。超期使用时必须经过实验，并按重新实验后确定的标号使用。

3.1.2　水泥密度实验

水泥的密度是指单位体积水泥所具有的质量，它是表征水泥基本物理状态和进行混凝土及砂浆配合比设计时的物理指标。水泥密度的大小，主要取决于水泥熟料矿物的组成情况，也与水泥的存储时间和存储条件等因素有关。硅酸盐水泥的密度一般为 $3.05\sim3.20\ \mathrm{g/cm^3}$，在进行混凝土配合比设计时，通常取水泥的密度为 $3.10\ \mathrm{g/cm^3}$。

1. 实验目的与意义

掌握水泥密度的测定方法及原理，熟悉实验仪器、材料、测定步骤及计算过程。密度实验可作为混凝土配合比设计及控制的重要参考。

2. 实验原理

将水泥倒入装有一定量液体介质的李氏瓶内，使液体介质充分浸透水泥颗粒。根据阿基米德定律，水泥颗粒的体积等于它所排开的液体体积，算出的水泥单位体积的质量即为密度。为使被测的水泥不发生水化反应，液体介质常选用无水煤油。本方法除适用于硅酸盐水泥的密度测量外，也适用于其他品种水泥的密度测量。

3. 实验主要仪器设备

（1）李氏瓶：用优质玻璃制作，透明无条纹，应具有较强的抗化学侵蚀性，热滞后性要小，要有足够的厚度以确保具有良好的耐裂性。李氏瓶的横截面形状为圆形，最高刻度标记与磨口玻璃塞最低点之间的间距至少为 10 mm，瓶颈刻度由 $0\sim1$ mL 和 $18\sim24$ mL 两段刻度组成，且在 $0\sim1$ mL、$18\sim24$ mL 范围内以 0.1 mL 为分度值，容量误差不大于 0.05 mL，如图 3-1 所示。

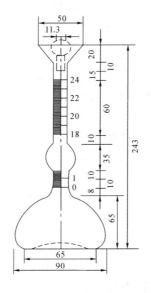

图 3-1　李氏瓶

（2）恒温水槽：有足够大的容积，水温可稳定控制在（20±1）℃，温度控制精度为±0.5℃。

（3）天平：称量 100～200 g，感量 0.001 g。

（4）温度计：量程 0～50℃，分度值不大于 0.1℃。

（5）烘箱：能使温度控制在（110±5）℃。

4. 实验步骤

（1）将水泥试样预先过 0.90 mm 方孔筛，在（110±5）℃温度下干燥 1 h，取出后放在干燥器内冷却至室温，室温应控制在（20±1）℃。

（2）将无水煤油注入李氏瓶中，至 0～1 mL 之间刻度线后（以弯月面下部为准），盖上瓶塞放入恒温水槽内，使刻度部分浸入水中，水温控制在（20±1）℃，恒温 30 min，记下无水煤油的初始（第一次）读数（V_1）。

（3）从恒温水槽中取出李氏瓶，用滤纸将李氏瓶细长颈内没有煤油的部分擦干净。

（4）称取水泥试样 60 g，精确至 0.01 g，用牛角小匙通过漏斗将水泥样品缓慢装入李氏瓶中，切勿急速大量倾倒，以防止堵塞李氏瓶的咽喉部位，必要时可用细铁丝捅捣，但一定要轻捣，避免铁丝捅破李氏瓶。试样装入李氏瓶后应反复摇动，亦可用超声波震动，直至没有气泡排出，这是因为水泥颗粒之间空气的排净程度对实验结果有很大影响。再次将李氏瓶静置于恒温水槽中，恒温 30 min 后，记下第二次读数（V_2）。在读出第一次读数和第二次读数时，恒温水槽的温度差应不大于 0.2℃。

5. 计算与结果评定

水泥密度按下式计算

$$\rho = \frac{m}{V_2 - V_1} \tag{3-1}$$

式中：ρ——水泥密度，g/cm³；

　　　m——水泥质量，g；

　　　V_2——李氏瓶第二次读数，mL；

　　　V_1——李氏瓶第一次读数，mL。

取两次测定值的算术平均值作为实验结果，结果应精确至 0.01 g/cm³，两次测定值之差不得超过 0.02 g/cm³，否则，应重新做实验，直至达到要求为止。

6. 练习题（详见二维码）

3.1.3　水泥细度实验（筛析法）

水泥的细度是指水泥颗粒的粗细程度，比表面积（即单位质量水泥颗粒的总表面积，单位为 mm²/g）也可表征水泥颗粒的粗细程度。水泥细度的大小决定水泥的成本、水化热、化学变形以及胶砂强度等经济、技术性能指标。水泥颗粒具有一定的细度，有利于水泥活性的充分发挥。水泥颗粒的粒径一般为 0.007～0.2 mm，水泥颗粒越细，其比表面积越大，水化速度就越快且水化度越好，形成的水泥石强度就越高。水泥细度的检验方法（筛析法）有负压筛析法、水筛法和手工筛析法，如这三种检验结果有争议，应以负压筛析法为准。

1. 实验目的与意义

理解水泥细度对水泥凝结时间、体积安定性、耐久性等性能的影响，为水泥的水化机理解释提供依据；

掌握硅酸盐水泥细度筛析法的测定方法；研究水泥细度对水泥凝结时间、强度、体积安定性、耐久性等性能的影响。

2. 实验原理

用一定孔径尺寸的筛子筛分水泥，用留在筛子上面的较粗颗粒占水泥总量的比值来衡量水泥的粗细程度。

3. 主要仪器设备

（1）实验筛。实验筛由圆形筛框和筛网组成，筛网应符合（GB/T 6005—2008）《实验筛金属丝编织网、穿孔板和电成型薄板筛孔的基本尺寸》中 R20/3 系统的 80 μm 和 45 μm 的要求，分负压筛、水筛和手工筛三种类型。筛网应紧绷在筛框上，筛网和筛框接触处应用防水胶密封，防止水泥嵌入。

① 负压筛。负压筛由圆形筛框和筛网组成，筛框的有效直径为 142 mm，高度为 25 mm，方孔的边长为 0.08 mm。

② 水筛。由筛座（水筛架）、喷头、筛子组成。

③ 手工筛。手工筛的结构应符合（GB/T6003.1—2012）《实验筛技术要求和检验》的规定，其中筛框高度为 50 mm，筛子的直径为 150 mm。

（2）负压筛析仪（见图 3-2）。负压筛析仪由负压筛、筛座（见图 3-3）、负压源及吸尘器组成，其中筛座由转速为（30±2）r/min 的喷气嘴、负压表、控制板、微型电动机及壳体构成。筛析仪负压可调范围为 4000～6000 Pa。

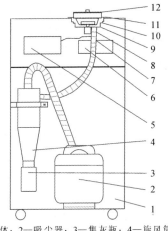

1—箱体；2—吸尘器；3—集灰瓶；4—旋风筒；
5—负压表；6—时间控制器；7—电动机；8—硬管；
9—喷气嘴；10—筛座；11—实验筛；12—筛盖

图 3-2　负压筛析仪图

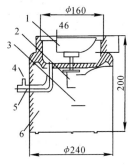

1—喷气嘴；2—微电机；3—控制板接口；
4—负压表；5—负压源及收尘器接口；6—壳体

图 3-3　筛座构造图（单位：mm）

（3）水筛架和喷头。水筛架和喷头的结构尺寸应符合（JC/T 728—2005）《水泥标准筛和筛析仪》的规定，其中水筛架上筛座的内径应为 140 mm。

（4）天平。天平的最小分度值应不大于 0.01 g。

4. 实验步骤

（1）负压筛析法。

① 实验前应把负压筛放在筛座上，盖上筛盖，接通电源，检查控制系统，调节负压至 4000～6000 Pa 范围内。

② 进行 0.08 mm 筛析实验时称取试样 25 g（进行 0.045 mm 筛析实验时称取试样 10 g），置于洁净的负压筛内。盖上筛盖，放在筛座上，开动筛析仪连续筛析 2 min，在此期间如有试样附着在筛盖上，可轻轻地敲击，使试样落下。筛毕，用天平称量筛余物。

③ 当工作负压小于 4000 Pa 时，应清理吸尘器内的水泥，使负压恢复正常。

（2）水筛法。

① 实验前应检查并确认水中没有泥、砂等杂物，调试好水压及水筛架的位置，确保其能正常运转。喷头底面和筛网之间的距离应为 35～75 mm。

② 称取试样 50 g，置于洁净的水筛中，用洁净的水冲洗水筛至大部分细粉通过后，将试样放在水筛架上，用水压为（0.05±0.02）MPa 的喷头连续冲洗 3 min。

③ 筛毕，用少量水把筛余物冲至蒸发皿中，等水泥颗粒全部沉淀后小心将水倾倒出，烘干并用天平称量筛余物。

5. 实验结果计算、处理、评定

水泥细度按试样筛余百分数计算，并精确至 0.1%。计算式如下：

$$F = \frac{R_t}{W} \times 100\% \tag{3-2}$$

式中：F—水泥试样的筛余百分数，%；

$\quad\quad R_t$—水泥筛余物的质量，g；

$\quad\quad W$—水泥试样的质量，g。

试验筛的筛网会在试验中受到磨损，因此应对筛析结果进行修正。修正方法是用水泥试样筛余百分数乘以有效修正系数[按该试验筛的标定方法（GB/T1345—2005 附录 A）修订]。

评定试验结果时，每个样品应称取两个试样分别筛析，取筛余平均值作为筛析结果。若两次筛余结果的绝对误差大于 0.5%（筛余值大于 5.0% 时可放至 1.0%），应再做一次试验，取两次相近结果的算术平均值作为最终结果。

6. 实验操作视频（详见二维码）

7. 练习题(详见二维码)

3.1.4 水泥标准稠度用水量测定(标准法)

水泥标准稠度用水量以水泥净浆达到规定的稀稠程度时用水量占水泥用量的百分数来表示。水泥浆的稀稠程度对水泥的凝结时间、体积安定性等技术指标影响很大。检测方法分为调整水量法和固定水量法两种,发生争议时以前者的检测结果为准。

1. 实验目的及意义

确定水泥凝结时间、安定性浆体的用水量;根据每批水泥标准稠度用水量的变化评价水泥质量的稳定性,并据此调整混凝土生产的用水量。

2. 实验原理

沉入水泥净浆的标准试杆会受到一定的阻力,通过实验测定含有不同水量的水泥净浆对试杆的不同阻力,可确定水泥净浆达到标准稠度时的用水量。

3. 实验装置和仪器

水泥净浆搅拌机、维卡仪(见图3-4)、量水器和天平等。

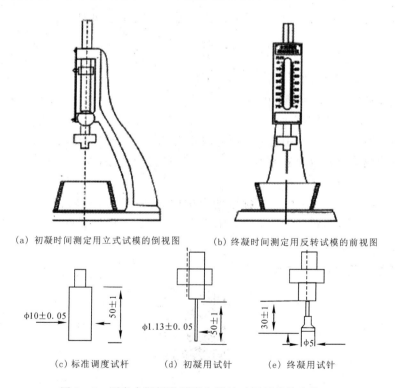

(a) 初凝时间测定用立式试模的倒视图   (b) 终凝时间测定用反转试模的前视图

(c) 标准调度试杆   (d) 初凝用试针   (e) 终凝用试针

图3-4　测定水泥标准稠度和凝结时间用的维卡仪

4. 实验方法和步骤

（1）实验前必须做到：维卡仪的金属棒能自由滑动；调整维卡仪的金属棒至试杆接触玻璃板时指针对准零点；搅拌机运转正常等。

（2）水泥浆的拌制。用水泥净浆搅拌机搅拌，先用湿布擦净搅拌锅和搅拌叶片。将拌和水倒入搅拌锅内，然后在 5～10 s 内将称好的 500 g 水泥加入水中，防止水和水泥溅出。拌和时，先将锅放到搅拌机座上，升至搅拌位置，启动搅拌机，低速搅拌 120 s，停拌 15 s，同时将叶片和锅壁上的水泥浆刮入锅内，再高速搅拌 120 s 后停机。

（3）标准稠度用水量的测定。拌和结束后，立即将拌好的净浆装入锥模内，用小刀插捣，轻轻振动数次，刮去多余的净浆。抹平后迅速将试模和底板移到维卡仪上，并将其中心定在试杆下，降低试杆直至与水泥浆表面接触。拧紧螺丝 1～2 s 后，突然放松，使试杆垂直自由地沉入净浆中。在试杆停止沉降或在释放试杆 30 s 时记录试杆距底板之间的距离。升起试杆后，立即将其擦净。整个操作应在搅拌后 1.5 min 内完成。

5. 计算实验结果

以试杆沉入净浆并距底板 (6 ± 1) mm 的水泥净浆为标准稠度净浆，其拌和水量为该水泥的标准稠度用水量(P)，按水泥质量的百分比计。即：$P=$（用水量/水泥用量）$\times100\%$，（计算精确至 0.1%）。

若试杆至玻璃板的距离不在上述范围内，需另称水泥试样，改变加水量重新实验，直至达到 (6 ± 1) mm 为止。

6. 实验结果分析与讨论

在水泥技术指标中对标准稠度用水量没有提出具体要求，为什么在水泥性能实验中要求测其标准稠度用水量呢？

提示：用水量会影响安定性和凝结时间的实验结果。

7. 实验操作视频（详见二维码）

8. 练习题（详见二维码）

3.1.5　水泥凝结时间测定

水泥加水后，会发生一系列物理和化学变化，随着水泥水化反应的进行，水泥浆体逐渐失去流动性、可塑性，最后凝固成具有一定强度的硬化体，这一过程称为水泥的凝结。水泥凝结时间分为初凝时间和终凝时间，自加水时起至水泥浆体开始失去塑性的时间为初凝时间；自加水时起至水泥浆体完全失去塑性的时间为终凝时间。

1. 实验目的及意义

确定水泥凝结时间是否在规定范围内；根据水泥凝结时间指导工程施工运输、浇筑、振捣、养护等应采用的方式方法。

2. 实验原理

水泥加水拌合成标准稠度净浆，随着水化反应进行，净浆呈现不同的凝结状态，通过一定质量的试针在净浆中的沉入度来判断凝结状态与凝结时间。

3. 实验装置和仪器

水泥净浆搅拌机（见图 3-5）、标准法维卡仪、试针和圆模、量水器、天平。

图 3-5　水泥净浆搅拌机

4. 实验方法和步骤

（1）测定前的准备工作。

调节凝结时间测定仪的试针接触玻璃板，使刻度指针对准零点。

试件的制备。按与标准稠度用水量实验相同的方法制成标准稠度净浆，并立即一次性装满试模，振动数次后刮平，立即放入湿气养护箱内，将水泥加入水中的时间记为初凝时间的起始时间。

（2）初凝时间的测定。

试件在湿气养护箱中养护至加水后 30 min 时进行第一次测定。测定时，从湿气养护箱内取出试模放到试针下，降低试针使之与水泥净浆面接触。拧紧螺钉 1～2 s 后突然放松，试针垂直自由沉入净浆，观察试针停止下沉或释放试针 30 s 时指针的读数。当试针沉至距底板(4±1)mm 时水泥达到初凝状态。水泥全部加入水中至初凝状态的时间为水泥的初凝时间，单位为"min"。

（3）终凝时间的测定。

为了精准地观测试针沉入的状态，可在终凝针上安装一个环形附件。完成初凝时间的测定后，立即将试模连同浆体以平移的方式从玻璃板上取下，翻转 180°，大直径端向上、小直径端向下放在玻璃板上，再放入湿气养护箱中继续养护。临近终凝时间时每隔 15 min 测定一次，当试针沉入试体 0.5 mm，即环形附件开始不能在试件上留下痕迹时为水泥达到终凝状态。水泥全部加入水中至终凝状态的时间为水泥的终凝时间，单位为"min"。

（4）测定时应注意的事项。

① 在最初测定时应轻轻扶持金属棒，使其徐徐下降，以防止针被撞弯，但测定结果以自由下落为准。

② 在整个测试过程中试针沉入的位置至少要距试模内壁 10 mm。

③ 临近初凝时，每隔 5 min 测定一次，到达初凝或终凝状态时应立即重复一次，当两次结论相同时，才能确定为到达初凝或终凝状态。

④ 每次测定不得让试针落入原针孔，每次测试完毕须将试针擦净，并将试模放回湿气养护箱内，在整个测定过程中要防止圆模受震。

5. 计算实验结果

（1）填写水泥凝结时间测试记录（见表 3 - 5）。

表 3 - 5　水泥凝结时间测试记录表　　　　日期：　年　月　日

操作序号	操作内容、科目	操作时间	分段时长
1	水泥全部入水（水泥和水）		
2	水泥净浆的拌制（启动控制器）		
3	取样，试件的制备		
4	试件养护 30 min		
5	首次初凝测试		
⋮			
n_1	临近初凝测试		
⋮			
n_2	终凝时间测试		
⋮			

（2）结果判定。国家标准规定：硅酸盐水泥、普通硅酸盐水泥、矿渣硅酸盐水泥、粉煤灰硅酸盐水泥、火山灰质硅酸盐水泥、复合硅酸盐水泥等六类硅酸盐水泥的初凝时间不得少于 45 min，一般为 1～3 h；终凝时间除硅酸盐水泥不多于 6.5 h 外，其余水泥终凝时间不得多于 10 h，一般为 5～8 h。凡初凝时间不符合规定者为废品，终凝时间不符合规定者为不合格品。

（3）从实验条件、实验环境的角度分析系统偏差。

（4）根据人为影响因素进行操作偏差的分析。

6. 实验结果分析与讨论

在进行凝结时间的测定时，若制备好的试件没有放入湿气养护箱中养护，而是暴露在相对湿度为 50% 的室内，从实验条件、实验环境的角度分析系统偏差以及根据人为影响因素分析操作偏差，并分析其对实验结果的影响。提示：在相对湿度较低的环境中，试件易失水。

7. 实验操作视频(详见二维码)

8. 练习题(详见二维码)

3.1.6 水泥安定性实验

水泥安定性是指水泥在凝结硬化过程中体积变化的均匀性。水泥中如果含有较多的游离氧化钙、游离氧化镁、SO_3,就会使水泥的体积发生不均匀的变化。

1. 实验目的及意义

检定由于游离氧化钙引起的水泥体积的变化,判断水泥安定性是否合格。

2. 实验原理

通过加速养护的方式进行水泥安定性测定。雷氏法是将水泥净浆在雷氏夹中沸煮后,通过测定两个试针的相对位移来检验水泥安定性。试饼法是将水泥净浆制成的试饼煮沸后,通过观察其外形变化来检验水泥安定性。

3. 实验装置和仪器

水泥净浆搅拌机、沸煮箱、雷氏夹(见图3-6)、雷氏夹膨胀值测定仪(标尺最小刻度为1 mm)、量水器、天平。

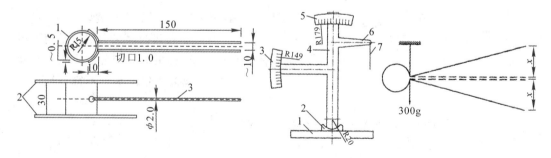

1—环膜;2—玻璃板;3—指针　　1—底座;2—模子座;3—测弹性标尺;　　（c）雷氏夹校准
（a）雷氏夹　　　　　　　4—立柱;5—测膨胀值标尺;
6—悬臂;7—悬丝
（b）雷氏夹膨胀测定仪

图3-6 雷氏夹及雷氏夹膨胀测定仪

4. 实验方法和步骤

(1) 标准法(雷氏法)实验步骤。

① 测定前的准备工作。

实验前按图 3-6(c)方法检查雷氏夹的质量是否符合要求。

每个试样需成型两个试件,每个雷氏夹需配备质量为 75~85 g 的玻璃板两块,凡与水泥净浆接触的玻璃板和雷氏夹内表面都要稍稍涂上一层油。

② 水泥标准稠度净浆的制备。

水泥标准稠度净浆的制备同水泥凝结时间实验净浆的制备。

③ 雷氏夹试件的成型。

将预先准备好的雷氏夹放在已擦油的玻璃板上,并立刻将已制好的标准稠度净浆装满雷氏夹;装浆时一只手轻扶雷氏夹,另一只手用宽约 10 mm 的小刀插捣数次,然后抹平,盖上涂油的玻璃板,然后立即将试模移至养护箱内养护(24±2)h。

④ 沸煮。

调整好沸煮箱内的水量,保证试件在整个沸煮过程中都浸没在水中,不需中途添加实验用水,同时保证在(30±5)min 内加热至恒沸状态。

除去玻璃板,取下试件,先测量雷氏夹指针尖端间的距离(A),精确到 0.5 mm。接着将试件放入沸煮箱中的试件架上,指针朝上,然后在(30±5)min 内加热至沸腾状态,并保持恒温(180±5) min。

⑤ 结果判定。

沸煮结束后,排净沸煮箱中的热水,打开箱盖,待箱体冷却至室温,取出试件进行判定。测量雷氏夹指针尖端距离(C),准确至 0.5 mm,当两个试件沸煮后增加距离 $C-A$ 的平均值不大于 5.0 mm 时,即认为该水泥安定性合格;当两个试件的 $C-A$ 值超过 4.0 mm 时,应用同一水泥立即重做一次实验,如果结果依旧如此,则认为该水泥安定性不合格。

(2) 代用法(试饼法)实验步骤。

① 测定前的准备工作。

每个样品需准备两块约 100 mm×100 mm 的玻璃板,凡与水泥净浆接触的玻璃板都要稍微涂上一层油。

② 试饼的成型方法。

a. 将制好的标准稠度净浆取出一部分分成两等份,使之成球形,放在预先准备好的玻璃板上。

b. 轻轻振动玻璃板并用湿布擦过的小刀由边缘向中央抹,制成直径为 70~80 mm、中心厚约 10 mm、边缘渐薄、表面光滑的试饼。

c. 将试饼放入湿气养护箱内养护(24±2)h。

③ 沸煮。

a. 调整好沸煮箱内的水量,保证试件在整个沸煮过程中都浸没在水中,不需中途添加实验用水,同时保证在(30±5)min 内加热至恒沸状态。

b. 除去玻璃板,取下试饼,在试饼无缺损的情况下,将试饼放在煮沸箱内的箅板上,然后在(30±5)min 内加热至沸腾状态,并保持恒沸(180±5)min。

④ 结果判定。

沸煮结束后，排净沸煮箱中的热水，打开箱盖，待箱体冷却至室温，取出试件进行判定。目测试饼未发现裂缝，用直尺检查也没有弯曲（使钢直尺和试饼底部紧靠，两者间不透光则为不弯曲）的试饼为安定性合格，反之为不合格。若两个试饼的判定结果出现矛盾，则该水泥的安定性也为不合格。

5. 实验结果

（1）试饼法。

目测未发现裂缝，用直尺检查也没有弯曲的试饼，即为安定性合格，反之为不合格。当两个试饼的判定结果出现矛盾时，该水泥的安定性也不合格。

（2）雷氏夹。

测量试件指针尖端间的距离（C），准确至 0.5 mm。当两个试件煮后增加的距离（$C-A$）的平均值不大于 5.0 mm 时，即认为该水泥安定性合格；当两个试件的（$C-A$）值相差超过 4 mm 时，应用同一样品立即重做一次实验。

6. 实验结果分析与讨论

若某工程所用水泥经上述安定性检验（雷氏法）合格，但一年后构件出现开裂问题，试分析此问题是否是水泥安定性不良引起的？

提示：安定性实验（雷氏法）只能检验出因游离氧化钙过量引起的安定性不良问题。

7. 实验操作视频（详见二维码）

8. 练习题（详见二维码）

3.1.7 水泥胶砂强度实验

水泥的胶砂强度是水泥的重要力学性能指标，抗压强度和抗折强度的大小是确定水泥强度等级的主要依据。测定水泥的强度应按规定制作试件并进行养护，然后测定其规定龄期的抗折强度和抗压强度。

1. 实验目的及意义

检验水泥的强度，确定水泥的强度等级，为混凝土配合比设计提供依据。

2. 实验装置和仪器

水泥胶砂搅拌机、水泥胶砂振实台、抗折强度实验机、抗压实验机、试模等。

3. 实验方法和步骤

本次实验使用尺寸为 40 mm×40 mm×160 mm 棱柱体成型试模进行水泥抗压强度和

抗折强度的测定。将以质量计量的一份水泥和三份中国 ISO 标准砂，用 0.5 水灰比拌制的一组塑性胶砂作为试体。胶砂用行星式搅拌机搅拌，在振实台上成型。试体连模一起在湿气中养护 24 h，然后脱模，在水中养护。到实验龄期时将试体从水中取出，先进行抗折强度实验，折断后再进行抗压强度实验。

（1）胶砂的制备。

① 配料。水泥胶砂实验材料质量配合比为水泥：标准砂：水＝1：3：0.5，材料和试验用具的温度与实验室相同[温度(20±2)℃，相对湿度不低于 50%]。一锅胶砂成型三条试体，每锅用料量：水泥(450±2)g，标准砂(1350±5) g，拌和用水量(225±1) g。按每锅用料量称好各材料。

② 搅拌。使用机械搅拌，使搅拌机处于待机状态，然后按以下的程序进行操作：

a. 将水加入搅拌锅，再加入水泥，把锅放在固定架上，上升至固定位置。

b. 立即开动机器，低速搅拌 30 s 后，在第二个 30 s 开始的同时均匀加入标准砂。若标准砂是按级别分装的，应从最粗粒级开始加入，依次将所需的每级砂量加完，把机器转至高速再拌 30 s。

c. 停拌 90 s，在停拌的第一个 15 s 内用胶皮刮具将叶片锅壁上的胶砂刮入锅内，在高速状态下继续搅拌 60 s。各个搅拌阶段的时间误差应在 1 s 以内。

（2）试件的制备。

① 用振实台成型。

a. 胶砂制备后立即成型。

b. 将空试模和模套固定在振实台上，用一个合适的勺子直接从搅拌锅里将胶砂分两层装入试模。

c. 装第一层时，每个槽里约放 300 g 胶砂，用大播料器垂直架在模套顶部，沿每个模槽来回一次将料层播平，接着振实 60 次。

d. 再装入第二层胶砂，用小播料器播平，再振实 60 次。

e. 移走模套，从振实台上取下试模，用一金属直尺以近 90°的角度架在试模模顶的一端，然后沿试模长度方向以横向切割动作慢慢向另一端移动，将超过试模部分的胶砂一次刮去。

f. 用同一直尺(同 e 步骤)将试体表面抹平。

g. 在试模上做标记或加字条，标明试件编号和相对于振实台的位置。

② 用振动台成型。

振动台成型操作如下：

a. 在搅拌胶砂的同时将试模和下料漏斗卡紧在振动台的中心。

b. 将搅拌好的胶砂均匀地装入下料漏斗中，启动振动台，胶砂通过漏斗流入试模。

c. 振动(120±5)s 停止。振动完毕取下试模，按与振实台成型同样的方法将试体表面刮平。

d. 在试模上做标记或用字条标明试件编号。

（3）试件养护。

① 脱模前的处理和养护。

去掉留在模子四周的胶砂，立即将做好标记的试模放入雾室或湿箱的水平架子上养护，确保湿空气能与试模各边接触。养护时不应将试模放在其他试模上。一直养护到规定的脱模时间，取出脱模。脱模前用防水墨汁或颜料笔对试体进行编号或做其他标记。对两个龄期以上的试体编号时，应将同一试模中的三条试体分为两个以上龄期处理。

② 脱模。

脱模可使用塑料锤或橡胶榔头或专门的脱模器。对 24 h 龄期的试体，应在破型试验前 20 min 内脱模；对 24 h 以上龄期的试体，应在成型后 20～24 h 内脱模。如经 24 h 养护，会因脱模对强度造成影响时，可延迟至 24 h 以后脱模，但需在实验报告中注明。已确定做 24 h 龄期试验（或其他不下水直接做实验）的已脱模试件，应用湿布覆盖至做试验时为止。

③ 水中养护。

脱模后，应立即将做好标记的试件水平或竖直放在(20±1)℃水中养护，水平放置时刮平面应朝上。试件放在不易腐烂的篦子上，彼此间保持一定间距，使水能够与试件的六个面接触。养护期间试件之间的间隔或试件上表面的水深不得小于 5 mm。除 24 h 龄期或延迟至 48 h 脱模的试体外，所有满足龄期的试体应在试验（破型）前 15 min 从水中取出，擦去试体表面沉积物，并用湿布覆盖至实验为止。

④ 强度实验试体的龄期。

试体龄期是从水泥加水搅拌开始算起的。不同龄期的强度实验时间应符合表 3-6 的规定。

表 3-6　水泥胶砂强度实验时间

龄期	24 h	48 h	3 d	7 d	＞28 d
实验时间	24 h±15 min	48 h±30 min	72 h±45 min	7 d±2 h	＞28 d±8 h

（4）强度实验。

① 一般规定。

a. 用规定的设备以中心加荷法测定抗折强度。

b. 在折断的棱柱体上进行抗压实验，受压面是试体成型的两个侧面，面积为 40 mm×40 mm。

c. 当不需要抗折强度数值时，可以省去抗折强度实验。抗压强度实验应在不使试件受有害应力的情况下，在折断的两截棱柱体上进行。

② 抗折强度实验。

将试体一个侧面放在试验机的支撑圆柱上，试体长轴垂直于支撑圆柱，然后圆柱以(50±10)N/s 的速率均匀地将荷载垂直地加载于棱柱体两相对侧面上，直至折断。保持两个半截棱柱体处于潮湿状态直至抗压实验。

抗折强度 R_f 按下式进行计算（精确至 0.1 MPa）：

$$R_f = \frac{1.5F_fL}{b^3} \tag{3-3}$$

式中：F_f——折断时施加于棱柱体中部的荷载，N；

　　　L——支撑圆柱之间的距离，mm；

　　　b——棱柱体正方形截面的边长，mm。

本实验以一组三个棱柱体抗折结果的算术平均值作为实验结果。若三个强度值中有超出平均值±10％的数据，应剔除后再取算术平均值作为抗折强度的实验结果。

③ 抗压强度实验。

a. 抗压强度实验用规定的仪器，在半截棱柱体的侧面进行。

b. 半截棱柱体中心与压力机压板受压中心的距离应在 0.5 mm 内，棱柱体露在压板外的部分约有 10 mm。

c. 整个过程以(2400±200)N/s 的速率均匀地加荷直至破坏。

抗压强度 R_c 按下式计算(精确至 0.1 MPa)：

$$R_c = \frac{F_c}{A} \tag{3-4}$$

式中：F_c——破坏时最大荷载，N；

　　A——受压部分面积，mm^2(40 mm×40 mm＝1600 mm^2)。

本实验以一组三个棱柱体得到的 6 个抗压强度测定值的算术平均值作为实验结果。若 6 个测定值中有一个超出算数平均值的±10％，就应剔除这个数值，将剩下 5 个数值的算数平均数作为结果。如果 5 个测定值中再有超过平均数±10％的情况，则此组结果作废。

4. 实验结果分析与讨论

测定水泥胶砂强度时，为何不用普通砂而用标准砂？所用标准砂必须有一定的级配要求，为什么？

提示：实验结果应具有可比性，级配不同会影响实验结果。

5. 实验操作视频(详见二维码)

6. 练习题(详见二维码)

3.1.8　水泥水化热测定实验

水泥水化热有两种测定方法，即溶解热法和直接法。溶解热法为基准法，直接法为代用法。下面以直接法为例介绍水泥水化热的测定。

1. 实验目的与意义

通过实验掌握水泥水化热的测定方法及水泥水化热测定仪的使用方法，能够正确使用仪器设备检测水泥水化释放的热量，为水泥性能的研究提供重要的依据，在施工过程中，对降低混凝土放热量，缩小混凝土内外温差，减少混凝土热裂纹起到重要的工程应用价值。

2. 实验原理

本方法的依据是在恒定的温度环境中直接测定热量计内水泥胶砂的温度变化（因水泥水化产生），通过计算热量计内积蓄热量与散失热量的总和，求得水泥水化 7 d 内的水化热。

3. 实验原材料

（1）水泥试样。

水泥试样应通过 0.9 mm 的方孔筛，并充分混合均匀。

（2）实验用砂。

实验用砂采用符合（GB/T17671—1999）《水泥胶砂强度检验方法（ISO 法）》规定的、标准砂粒度范围在 0.5～1.0 mm 的中砂。

（3）试样用水。

实验用水应采用洁净的自来水，有争议时可采用蒸馏水。

4. 仪器设备

（1）直接法热量计。

① 广口保温瓶：容积约为 1.5 L，散热常数测定值不大于 167.00 J/(h·℃)。

② 带盖截锥形圆筒：容积约为 530 mL，用聚乙烯塑料制成。

③ 长尾温度计：量程为 0～50℃，分度值为 0.1℃。示值误差不大于±0.2℃。

④ 软木塞：由天然软木制成。使用前在其中心打一个小孔，孔的大小应与温度计直径紧密配合，然后插入长尾温度计，深度距软木塞底面约 120 mm，再用热蜡密封底面。

⑤ 铜套管：用铜质材料制成。

⑥ 衬筒：由聚酯塑料制成，密封不漏水。

（2）恒温水槽。

水槽容积根据放置热量计的数量以及易于控制温度的原则综合确定，水槽内的水温应控制在（20±0.1）℃，水槽装有下列附件：

① 水循环系统。

② 温度自动控制系统。

③ 指示温度计，其分度值为 0.1℃。

④ 固定热量计的支架和夹具。

（3）胶砂搅拌机。

胶砂搅拌机应符合（JC/T681—2005）《行星式水泥胶砂搅拌机》的要求。

（4）天平。

天平的最大量程不小于 1500 g，分度值为 0.1 g。

（5）捣棒。

捣棒的长约 400 mm，直径约 11 mm，由不锈钢材料制成。

（6）其他。

其他的设备还有漏斗、量筒、秒表、料勺等。

5. 实验条件

（1）成型实验室温度应保持在（20±2）℃，相对湿度不低于 50%。

（2）实验期间水槽内的水温应保持在(20±0.1)℃。

（3）恒温用水为饮用水。

6. 实验步骤

（1）实验前的准备。

实验前应称量广口保温瓶、软木塞、铜套管、截锥形圆筒和盖、衬筒、软木塞等的质量并记录。热量计各部件除衬筒外，应进行编号并成套使用。

（2）热量计热容量的计算。

热量计的热容量，按下式计算(结果保留至 0.01 J/℃)：

$$C = 0.84\frac{g}{2} + 1.88\frac{g_1}{2} + 0.40g_2 + 1.78g_3 + 2.04g_4 + 1.02g_5 + 3.30g_6 + 1.92V \quad (3-5)$$

式中：C——不装水泥胶砂时的热量计的热容量，J/℃；

g——保温瓶的质量，g；

g_1——软木塞的质量，g；

g_2——铜套管的质量，g；

g_3——塑料截锥形圆筒的质量，g；

g_4——塑料截锥形筒盖的质量，g；

g_5——衬筒的质量，g；

g_6——软木塞封蜡质量，g；

V——温度计插入热量计的体积，cm³。

式中各系数分别为所用材料的比热容，J/(g·℃)。1.92 为玻璃的容积比热，J/(cm³·℃)

（3）热量计散热常数的测定。

① 测定前 24 h 开启恒温水槽，使水温恒定在(20±0.1)℃范围内。

② 实验前热量计各部件和实验用品在实验室(20±2)℃温度下恒温 24 h，首先在截锥形圆筒内放入塑料衬筒和铜套管，然后盖上中心有孔的盖子，移入保温瓶中。

③ 用漏斗向圆筒内注入(500±10)g 温水，水的温度应为 45.0～45.2℃，准确记录用水质量(W)和加水时间(精确到 min)，然后用配套的插有温度计的软木塞盖紧。

④ 在保温瓶与软木塞之间用胶泥或蜡密封以防止渗水，然后将热量计垂直固定于恒温水槽内进行实验。

⑤ 恒温水槽内的水温应始终保持在(20±0.1)℃，从加水开始到 6 h 读取第 1 次温度 T_1(一般为 34℃左右)，到 44 h 读取第 2 次温度 T_2(一般为 21.5℃以上)。

⑥ 实验结束后立即拆开热量计，再称量热量计内所有水的质量，结果应略少于加入水的质量，如等于或大于加入水的质量，说明在实验过程中发生漏水现象，应重新测定。

（4）热量计散热常数的计算。

热量计散热常数 K 按下式计算(结果保留至 0.01 J/(h·℃))

$$K = (C + W \times 4.1816)\frac{\lg(T_1 - 20) - \lg(T_2 - 20)}{0.434\Delta t} \quad (3-6)$$

式中：K——散热常数，J/(h·℃)；

C——热量计的热容量，J/℃；

W——加水质量，g；

T_1——实验开始后 6 h 时读取的热量计温度，℃；

T_2——实验开始后 44 h 时读取的热量计温度，℃；

Δt——读数 T_1 至 T_2 所经过的时间，38 h。

（5）热量计散热常数的规定。

① 热量计散热常数应测定两次，两次差值小于 4.18 J/(h·℃)时，取其平均值。

② 热量计散热常数 K 小于 167.00 J/(h·℃)时允许使用。

③ 热量计散热常数每年应重新测定。

④ 已经标定好的热量计如更换任意部件应重新测定。

（6）水泥水化热测定操作。

① 测定前 24 h 开启恒温水槽，使水温恒定在(20±0.1)℃范围内。

② 实验前热量计各部件和实验材料预先在(20±2)℃温度下恒温 24 h，截锥形圆筒内放入塑料衬筒。

③ 按照(GB/T1346－2011)《水泥标准稠度用水量、凝结时间、安定性检验方法》的要求测出每个样品的标准稠度用水量，并准确记录。

④ 实验胶砂配比。每个样品称标准砂 1350 g，水泥 450 g，加水量 M 按下式计算(结果保留至 1 mL)：

$$M=(P+5\%)\times450 \qquad\qquad (3-7)$$

式中：M——实验用水量，mL；

P——标准稠度用水量，%；

5%——加水系数。

a. 用湿布擦拭搅拌锅和搅拌叶，然后依次把称好的标准砂、水泥加入搅拌锅中，把锅固定在机座上，开动搅拌机慢速搅拌 30 s 后徐徐加入已量好的水量，并开始计时，再慢速搅拌 60 s，然后再快速搅拌 60 s，改变搅拌速度时不停机。加水在 20 s 内完成。

b. 搅拌完毕后迅速取下搅拌锅并用勺子搅拌几次，然后用天平称取两份质量为(800±1) g 的胶砂，分别装入已准备好的两个截锥形圆筒内，盖上盖子，在圆筒内胶砂中心部位用捣棒捣一个洞，再分别移入对应保温瓶中，放入套筒，盖好带有温度计的软木塞，用胶泥或蜡密封，以防漏水。

c. 从加水时间算起，第 7 min 读取第 1 次温度，即初始温度 T_0。

d. 读完温度后将胶砂移入恒温水槽中固定，根据温度变化情况确定温度读取时间，一般在温度上升阶段每隔 1 h 读 1 次，下降阶段每隔 2 h、4 h、8 h、12 h 读 1 次。

e. 从开始记录第 1 次温度时算起，到 168 h 时记录最后 1 次温度，即末温 T_{168}，实验测定结束。

f. 热量计在实验过程中应整体浸在水中，水面至少应高于热量计表面 10 mm，每次记录温度时都要监测恒温水槽的水温是否在(20±0.1)℃范围内。

g. 拆开密封胶泥或蜡，取下软木塞，取出截锥形圆筒，打开盖子，取出套管，观察套管和保温瓶中是否有水，如有水则此实验结果作废。

7. 实验结果的计算

（1）曲线面积的计算。

根据记录时间与对应的水泥胶砂温度,以时间为横坐标(1 cm 对应 5 h),温度为纵坐标(1 cm 对应 1℃),在坐标纸上作图,并画出 20℃水槽温度恒温线。恒温线与胶砂温度曲线间的总面积(恒温线以上面积为正,恒温线以下面积为负)$\sum F_{0\sim x}$(h·℃)可按下列 5 种计算方法求得。

① 用求积仪求得。

② 把恒温线与胶砂温度曲线间的面积按几何形状以小三角形、抛物线、梯形进行划分,分别计算其面积 F_1,F_2,F_3,…(h·℃),然后将所有面积相加,因为 1 cm² 相当于 5 h·℃,所以总面积乘以 5 即为 $\sum F_{0\sim x}$(h·℃)。

③ 近似矩形法。如图 3-7 所示,以每 5 h(在横坐标轴上长度为 1 cm)作为一个计算单位,同时也是矩形的宽度,矩形的长度(温度值)通过面积补偿确定。在图 3-7 的补偿面积中间选一点,这一点如能使一个计算单位内阴影面积与曲线外的空白面积相等,那么这一点到横坐标轴的高度便可作为矩形的长度,然后与宽度相乘即得到矩形的面积。将每一个矩形的面积相加,再乘以 5 即为 $\sum F_{0\sim x}$(h·℃)。

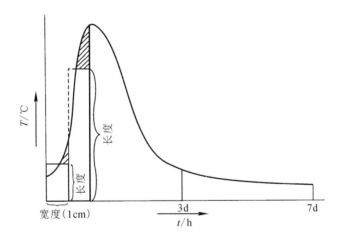

图 3-7　近似矩形法

④ 用电子仪器自动记录和计算。

⑤ 其他方法。

实验用水泥质量(G)按下式计算(结果保留至 1 g):

$$G=\frac{800}{4+(P+5\%)} \tag{3-8}$$

式中:G——实验用水泥质量,g;

　　　P——水泥净浆标准稠度,%;

　　　800——实验用水泥胶砂总质量,g;

　　　5%——加水系数。

(2) 实验用水量(M_1)的计算。

实验用水量(M_1)按下式计算(结果保留至 1 mL):

$$M_1=G(P+5\%) \tag{3-9}$$

式中：M——实验用水量，mL；

$\qquad G$——实验用水泥质量，g；

$\qquad P$——水泥净浆标准稠度，%。

（3）总热容量（C_P）的计算。

根据水量及热量计的热容量 C 按下式计算总热容量 C_P（结果保留至 0.1 J/℃）：

$$C_p = [0.84(800-M_1)] + 4.1816M_1 + C \qquad (3-10)$$

式中：C_p——装入水泥胶砂后热量计的总热容量，J/℃；

$\qquad M_1$——实验中用水量，mL；

$\qquad C$——热量计的热容量，J/℃。

（4）总热量（Q_x）的计算。

在某个水化龄期，水泥水化放出的总热量 Q_x 为热量计中蓄积和散失到环境中热量的总和，按下式计算（结果保留至 0.1 J）：

$$Q_x = C_p(t_x - t_0) + K\sum F_{0\sim x} \qquad (3-11)$$

式中：Q_x——某个龄期水泥水化放出的总热量，J；

$\qquad C_p$——装水泥胶砂后热量计的总热容量，J/℃；

$\qquad t_x$——龄期为 x 小时的水泥胶砂温度，℃；

$\qquad t_0$——水泥胶砂的初始温度，℃；

$\qquad K$——热量计的散热常数，J/(h·℃)；

$\qquad \sum F_{0\sim x}$——0～x 小时内水槽温度恒温线与胶砂温度曲线间的面积，h·℃。

（5）水泥水化热（q_x）的计算。

若水化龄期为 x 小时，水泥的水化热按下式计算（结果保留至 1 J/g）：

$$q_x = \frac{Q_x}{m} \qquad (3-12)$$

式中：q_x——水泥某一龄期的水化热，J/g；

$\qquad Q_x$——水泥某一龄期放出的总热量，J；

$\qquad m$——实验用水泥质量，g。

8. 注意事项

每个水泥样品的水化热实验都用两套热量计平行实验，当两次实验结果的差值小于 12 J/g时，取两次的平均值作为此水泥样品的水化热结果；两次实验结果的差值大于 12 J/g 时，应重做实验。

9. 练习题（详见二维码）

3.2 混凝土骨料性能检测

3.2.1 概述

骨料是混凝土和建筑砂浆的主要构成材料，在混凝土和砂浆中主要起骨架作用，并可减少混凝土因水泥硬化而产生的体积收缩量。骨料约占混凝土体积的 65%～85%，其技术性能在一定程度上决定着混凝土的技术性和经济性。因此，掌握混凝土骨料的基本知识和实验技能，对于合理配制和调控混凝土与建筑砂浆的技术指标具有重要意义。本节主要介绍普通混凝土中所用的砂、碎石和卵石等骨料的技术性能要求及实验方法。由于粗、细两种骨料的实验原理和实验方法有很多相同之处，因此，在学习本节内容时可采取对比的方法。

1. 骨料类别及表观状况

混凝土和建筑砂浆中所用的骨料包括细骨料和粗骨料两类。细骨料是指粒径小于 4.75 mm 的颗粒，即建筑工程中的各种用砂，按来源不同，可将细骨料分为天然砂和人工砂（机制砂）。天然砂是岩石经风化而形成的大小不同和矿物组成各异的颗粒混合物，包括河砂、山砂、湖砂和淡化海砂，但不包括软质、风化的岩颗粒。机制砂是经除土处理，由机械破碎、筛分制成的，包括岩石、矿山或工业废渣颗粒，但不包括软质、风化的颗粒。按照砂的细度模数不同，可将砂分为粗、中、细等不同规格，粗砂的细度模数为 3.7～3.1，中砂的细度模数为 3.0～2.3，细砂的细度模数为 2.2～1.6，特细砂的细度模数为 1.5～0.7。细骨料的种类及其表观状况如表 3-7 所示。

表 3-7 细骨料种类与表观状况

细骨料的种类		细骨料砂的表观状况
天然砂	河砂	较洁净，产地分布广，质量较好，使用最广
	海砂	常含有贝壳等有机物，盐分含量较大
	山砂	含泥量较高，有机杂质较多
人工砂		由岩石轧碎而成，比较洁净，棱角分明，比表面积较大，但常含有较多的片状颗粒，成本较高

粗骨料是指粒径大于 4.75 mm 的岩石颗粒，包括天然卵石和人工碎石。按粒径尺寸不同，粗骨料可分为单粒级和连续粒级两类，工程中根据需要也可以使用不同单粒级的卵石、碎石混合成的特殊粒级粗骨料。粗骨料的种类与表观状况如表 3-8 所示。

表 3-8 粗骨料的种类与表观状况

粗骨料的种类		粗骨料的表观状况
天然卵石	河卵石	表面光滑，少棱角，较洁净，常具有天然级配
	海卵石	盐分、贝壳等有机物含量较大
	山卵石	黏土含量较高，使用前须清洗
人工碎石		同人工砂

粗、细骨料按照技术要求可分为Ⅰ、Ⅱ、Ⅲ类。其中，Ⅰ类骨料宜用于强度等级大于C60的混凝土；Ⅱ类骨料宜用于强度等级为C30～C60及具有抗冻、抗渗或其他要求的混凝土；Ⅲ类骨料宜用于强度等级小于C30的混凝土和建筑砂浆。

2. 砂的质量要求

混凝土和砂浆用砂应该选用杂质含量少、质地坚固、洁净无污染且级配良好的砂。由于在工程建设中，混凝土和砂浆用砂主要是天然砂，在自然条件下很难完全满足上述要求，因此，国家标准对砂的质量提出了基本的共性要求。

（1）砂的粗细程度和颗粒级配。

为使配制的混凝土或砂浆具有良好的技术和经济性能，应对砂的粗细程度和颗粒级配进行综合考虑，仅根据其中一个指标来评定砂的质量是不全面的。砂的粗细程度和颗粒级配常用筛分析的方法来测定。砂的粗细程度用细度模数来表示，细度模数值一般在3.7～0.7之间。如果细度模数过大（砂过粗），那么所配制的混凝土或砂浆拌合物的和易性就不易控制，且内摩擦力较大，振捣成型较困难；如果细度模数过小（砂过细），那么所配制的混凝土或砂浆的用水量就要增加，强度就会随之降低。

砂的颗粒级配用级配区来表示。砂的颗粒级配应符合表3-9的规定，砂的级配类别应符合表3-10的规定。对于砂浆用砂，4.75 mm筛孔的累计筛余量应为0。砂的实际颗粒级配除4.75 mm和0.60 mm筛档外，可以略有超出，但各级累计筛余超出值总和应不大于5%。

表3-9 砂的颗粒级配及分区

砂的分类	天 然 砂			机 制 砂		
级配区	1区	2区	3区	1区	2区	3区
方筛孔	累计筛余/%					
4.75 mm	10～0	10～0	10～0	10～0	10～0	10～0
2.36 mm	35～5	25～0	15～0	35～5	25～0	15～0
1.18 mm	65～35	50～10	25～0	65～35	50～10	25～0
0.60 mm	85～71	70～41	40～16	85～71	70～41	40～16
0.30 mm	95～80	92～70	85～55	95～80	92～70	85～55
0.15 mm	100～90	100～90	100～90	97～85	94～80	94～75

表3-10 砂的级配类别

类别	Ⅰ	Ⅱ	Ⅲ
级配区	2区	1区、2区、3区	

（2）砂的含泥量及泥块含量。

如果砂中含泥量或泥块含量较大，就会妨碍砂与水泥浆的粘结，从而降低混凝土或砂浆的强度，同时用水量也会增加，并加大混凝土或砂浆的收缩量，降低混凝土和砂浆的抗冻性与抗渗性。砂的含泥量及泥块含量应符合表3-11的规定。

表 3 - 11　砂中含泥量及泥块含量限值

项　目	指标		
	Ⅰ类	Ⅱ类	Ⅲ类
含泥量(按质量计)/%	≤1.0	≤3.0	≤5.0
泥块含量(按质量计)/%	0	≤1.0	≤2.0

机制砂亚甲蓝(MB)值(用于判定机制砂中粒径小于 0.075 mm 颗粒的吸附性能的指标)低于(小于)或等于 1.4 或快速法实验合格时,石粉含量和泥块含量应符合表 3 - 12 的规定;当机制砂 MB 值>1.4 或快速法实验不合格时,石粉含量和泥块含量应符合表 3 - 13 的规定。

表 3 - 12　石粉含量和泥块含量(MB 值≤1.4 或快速法实验合格)

类别	Ⅰ	Ⅱ	Ⅲ
MB 值	≤0.5	≤1.0	≤1.4 或合格
石粉含量(按质量计)/%	≤10.0		
泥块含量(按质量计)/%	0	≤1.0	≤2.0

注:此指标根据使用地区和用途,经实验验证,可由供需双方协商确定。

表 3 - 13　石粉含量和泥块含量(MB 值>1.4 或快速法实验不合格)

项　目	指　标		
	Ⅰ类	Ⅱ类	Ⅲ类
石粉含量(按质量计)/%	≤1.0	≤3.0	≤5.0
泥块含量(按质量计)/%	0	≤1.0	≤2.0

砂中如含有云母、轻物质、有机物、硫化物及硫酸盐、氯化物、贝壳,其限量应符合表 3 - 14 的规定。砂的表观密度不应小于 2500 kg/m³,松散堆积密度不应小于 1400 kg/m³,空隙率不应大于 44%。经碱集料反应实验后,试件不应发生裂缝、酥裂、胶体外溢等现象,在规定的实验龄期内膨胀率应小于 0.1%。

表 3 - 14　有害物质限量

类　别	Ⅰ	Ⅱ	Ⅲ
云母(按质量计)/%	≤1.0	≤2.0	
轻物质(按质量计)/%	≤1.0		
有机物	合格		
硫化物及硫酸盐(按 SO₃ 质量计)/%	≤0.5		
氯化物(以氯离子质量计)/%	≤0.01	≤0.02	≤0.06
贝壳(按质量计)/%	≤3.0	≤5.0	≤8.0

注:该指标仅适用于海砂,其他砂种不作要求。

（3）砂的坚固性指标。

由于砂在混凝土中起着骨架和填充作用，所以砂自身应该具有足够的坚固性，以保证混凝土材料或构件在使用过程中的整体性，尤其不能出现砂骨料先期受破坏，或者其质量损失过大的等情况。测定天然砂的坚固性指标，常采用硫酸钠溶液法进行实验，经过 5 次循环后其质量损失应符合表 3-15 的规定。对于人工砂的坚固性指标测定，除应满足表 3-15 的规定外，常采用压碎指标法进行实验，砂的压碎指标值应符合表 3-16 的规定。

表 3-15　砂的坚固性指标

项　目	指　标		
	Ⅰ 类	Ⅱ 类	Ⅲ 类
质量损失率/%	≤8	≤8	≤10

表 3-16　砂的压碎指标

项　目	指　标		
	Ⅰ 类	Ⅱ 类	Ⅲ 类
单级最大压碎指标/%	≤20	≤25	≤30

3. 卵石与碎石的质量要求

（1）最大粒径和颗粒级配。

最大粒径是指粗骨料公称粒级的上限。当粗骨料粒径增大时，其比表面积随之减小，在保证混凝土和砂浆和易性的前提下，水泥浆与砂浆的用量相应减少，混凝土和砂浆将具有良好的经济技术性能。因此，粗骨料最大粒径在一定条件下应尽可能选用较大值，但是粒径过大将会带来搅拌和运输时的不便。根据（GB50204—2015）《混凝土结构工程施工及验收规范》规定，混凝土的最大粒径不得超过结构截面最小尺寸的 1/4，同时不得大于钢筋间最小净距的 3/4。混凝土实心板允许采用的最大粒径为 1/2 板厚的粗骨料，但最大粒径不得超过 50 mm。

粗骨料的颗粒级配对混凝土技术和经济性能的影响原理与细骨料的基本相同。级配良好的粗骨料不但能够节约水泥，降低工程成本，而且可以改善混凝土的和易性，提高混凝土工程的施工质量。颗粒级配对高强度混凝土的影响尤为明显，（GB/T14685—2011）《建筑用卵石、碎石》对卵石与碎石的级配要求如表 3-17 所示。

表 3-17　卵石或碎石的颗粒级配范围

级配情况	公称粒级/mm	方孔筛/mm											
		2.36	4.75	9.50	16.0	19.0	26.5	31.5	37.5	53.0	63.0	75.0	90
		累计筛余/%											
连续粒级	5～16	95～100	85～100	30～60	0～10	0	—	—	—	—	—	—	—
	5～20	95～100	90～100	40～80	—	0～10	0	—	—	—	—	—	—
	5～25	95～100	90～100	—	30～70	—	0～5	0	—	—	—	—	—
	5～31.5	95～100	90～100	70～90	—	15～45	—	0～5	0	—	—	—	—
	5～40	—	95～100	70～90	—	30～65	—	—	0～5	0	—	—	—

续表

级配情况	公称粒级/mm	方孔筛/mm											
		2.36	4.75	9.50	16.0	19.0	26.5	31.5	37.5	53.0	63.0	75.0	90
		累计筛余/%											
单粒粒级	5~10	95~100	80~100	0~15	0	—	—	—	—	—	—	—	—
	10~16	—	95~100	80~100	0~15	—	—	—	—	—	—	—	—
	10~20	—	95~100	85~100	—	0~15	0	—	—	—	—	—	—
	16~25	—	—	95~100	55~70	25~40	0~10	—	—	—	—	—	—
	16~31.5	—	95~100	—	85~100	—	—	0~10	—	—	—	—	—
	20~40	—	—	—	95~100	80~100	—	—	0~10	0	—	—	—
	40~80	—	—	—	—	95~100	—	—	70~100	—	30~60	0~10	0

粗骨料的颗粒级配评定常采用筛分析实验方法，其分计筛余百分率和累计筛余百分率的计算方法与细骨料的相同，但使用的分析筛规格、数量和筛孔尺寸不同。

(2) 含泥量及泥块含量。

粗骨料中也常含有泥土、细屑、硫酸盐等杂质，其危害性同细骨料。粗骨料中的硫化物、硫酸盐及卵石中有机物等有害物质含量应符合表 3-18 的规定；粗骨料中的含泥量和泥块含量应符合表 3-19 的规定。对有抗冻、抗渗或特殊要求的混凝土，所用碎石或卵石的含泥量均应不大于 1.0%。当含泥属于非黏土质的石粉时，含泥量可由 0.5%、1.0%、2.0% 分别提高到 1.0%、1.5%、3.0%。对有抗冻、抗渗和其他特殊要求及强度等级低于(小于)或等于 3 的混凝土，所用碎石或卵石的泥块含量应不大于 0.50%。

表 3-18　卵石或碎石中的有害物质含量

类　别	Ⅰ类	Ⅱ类	Ⅲ类
有机物	合格	合格	合格
硫化物及硫酸盐(按 SO_3，质量计)/%	≤0.5	≤1.0	≤1.0

表 3-19　粗骨料中的含泥量及泥块含量

类　别	Ⅰ类	Ⅱ类	Ⅲ类
含泥量(按质量计)/%	≤0.5	≤1.0	≤1.5
泥块含量(按质量计)/%	0	≤0.2	≤0.5

(3) 颗粒形状与表面特征。

碎石具有多棱角、凹凸性明显、表面粗糙等特征，与水泥砂浆的黏结性较好，所配制的混凝土强度也较高，但混凝土拌合物的流动性较差。若卵石形状规则，表面光滑，则与水泥砂浆的黏结性较差，在水灰比相同的条件下，所配制的混凝土强度较低，但混凝土拌合物的流动性较好。粗骨料中的针、片状颗粒也会影响混凝土的强度，如果含量较高，就会降低混凝土的强度。对于泵送混凝土，粗骨料中的针、片状颗粒含量还会影响混凝土的泵送性。因此，国家标准对碎石或卵石中的针、片状颗粒含量进行了规定，如表 3-20

所示。

表 3 - 20　针、片状颗粒含量

类　别	Ⅰ类	Ⅱ类	Ⅲ类
针、片状颗粒总含量(按质量计)/%	≤5	≤10	≤15

（4）粗骨料的强度。

粗骨料在混凝土中占有很大的比例，为了保证混凝土的强度达到规定的要求，粗骨料本身必须质地致密且有足够的强度。粗骨料的强度一般用岩石立方体强度和压碎指标两种方法来表示。碎石的强度用岩石的抗压强度和压碎指标值来表示，岩石的抗压强度应比所配制的混凝土强度至少高出 20%。工程中可使用压碎指标值进行质量控制，压碎指标值应符合表 3 - 21 的规定。

表 3 - 21　压碎指标值

类　别	Ⅰ类	Ⅱ类	Ⅲ类
碎石压碎指标/%	≤10	≤20	≤30
卵石压碎指标/%	≤12	≤14	≤16

（5）粗骨料的坚固性。

对粗骨料应提出一定的坚固性要求，其意义与细骨料的相同。粗骨料的坚固性也采用硫酸钠溶液法进行检验，样品在饱和溶液中经 5 次循环浸渍后，其重量损失应符合表 3 - 22 的规定。

表 3 - 22　碎石或卵石的坚固性指标

类　别	Ⅰ类	Ⅱ类	Ⅲ类
质量损失/%	≤5	≤8	≤12

（6）粗骨料的表观密度、连续级配松散堆积空隙率、吸水率。

粗骨料的表观密度应不小于 2600 kg/m³，连续级配松散堆积空隙率应符合表 3 - 23 的规定，吸水率应符合表 3 - 24 的规定。经碱集料反应实验后，试件不应发生裂缝、酥裂、胶体外溢等现象，在规定的实验龄期内膨胀率应小于 0.10%。

表 3 - 23　连续级配松散堆积空隙率

类　别	Ⅰ类	Ⅱ类	Ⅲ类
空隙率/%	≤43	≤45	≤47

表 3 - 24　吸水率

类　别	Ⅰ类	Ⅱ类	Ⅲ类
吸水率/%	≤1.0	≤2.0	≤2.0

4. 实验取样与缩分

（1）取样方法。

在料堆上取样时，取样部位应均匀分布。取砂样前先将取样部位表面铲除，然后从不同部位抽取大致相等等量的砂样共 8 份，组成一组砂样品。粗骨料取样是从各部位抽取大致相等等量的石子 15 份（在料堆的顶部、中部和底部，从均匀分布的 5 个不同部位取得），组成一组石子样品。从皮带运输机上取样时，用接料器在皮带运输机机尾的出料处定时抽取大致等量的砂 4 份，组成一组砂样品。在皮带运输机机尾的出料处用接料器定时抽取 8 份石子，组成一组石子样品。从火车、汽车、货船上取样时，从不同部位和深度抽取大致相等等量的砂 8 份，组成一组砂样品。从不同部位和深度抽取大致相同等的石子 16 份，组成一组石子样品。若样品检验不合格，应重新取样。若项目检测不合格，应重新复验，若仍不能满足标准要求，应按不合格处理。

进行单项目实验时，最少取样数量应符合表 3-25、表 3-26 的规定。当需要做几个项目实验时，如能保证试样进行一项实验后，继续使用不影响另一项实验的结果，可用同一试样进行几个不同项目的实验。骨料的有机物含量、坚固性、压碎指标值及碱集料反应等检验项目，应根据实验要求的粒级及数量进行取样。

表 3-25　砂单项实验取样数量

序号	实验项目		最少取样数量/kg	序号	实验项目		最少取样数量/kg
1	颗粒级配		4.4	10	坚固性	天然砂	8.0
2	含泥量		4.4			人工砂	20.0
3	石粉含量		6.0	11	表观密度		2.6
4	泥块含量		20.0	12	松散堆积密度与空隙率		5.0
5	云母含量		0.6	13	碱集料反应		20.0
6	轻物质含量		3.2	14	贝壳含量		9.6
7	硫化物与硫酸盐含量		0.6	15	放射性		6.0
8	氯化物含量		4.4	16	饱和面干吸水率		4.4
9	有机物含量		2.0				

表 3-26　单项实验取样数量

序号	实验项目	最大粒径/mm							
		9.5	16.0	19.0	26.5	31.5	37.5	63.0	75.0
1	颗粒级配	9.5	16.0	19.0	25.0	31.5	37.5	63.0	80.0
2	含泥量	8.0	8.0	24.0	24.0	40.0	40.0	80.0	80.0
3	泥块含量	8.0	8.0	24.0	24.0	40.0	40.0	80.0	80.0
4	针、片状颗粒含量	1.2	4.0	8.0	12.0	20.0	40.0	40.0	40.0
5	有机物含量	按实验要求的粒级和数量取样							
6	盐和硫化物含量								
7	坚固性								
8	岩石抗压强度	随机选取完整石块锯切或钻取成实验用样品							
9	压碎指标	按实验要求的粒级和数量取样							

序号	实验项目	最大粒径/mm							
		9.5	16.0	19.0	26.5	31.5	37.5	63.0	75.0
10	表观密度	8.0	8.0	8.0	8.0	12.0	16.6	24.0	24.0
11	堆积密度与空隙	40.0	40.0	40.0	40.0	80.0	80.0	120.0	120.0
12	吸水率	2.0	4.0	8.0	12.0	20.0	40.0	40.0	40.0
13	碱集料反应	20.0	20.0	20.0	20.0	20.0	20.0	20.0	20.0
14	放射性	6.0							
15	含水率	按实验要求的粒级和数量取样							

取样后，应妥善包装、保管试样，避免细料散失和污染，同时附上卡片标明样品名称、编号、取样时间、产地、规格、样品所代表验收批的重量或体积数，以及要求检验的项目和取样方法。

（2）细骨料砂样品的缩分。

① 分料器法：将样品在潮湿状态下拌合均匀，然后通过分料器，取接料斗中的其中一份再次通过分料器。重复上述过程，直至把样品缩分到实验所需量为止。

② 人工四分法：将所取样品置于平板上，在潮湿状态下拌合均匀，并堆成厚度约为20 mm的圆饼，然后沿互相垂直的两条直径把圆饼分成大致相等的四份，取其中位于对角线位置的两份重新拌匀，再堆成圆饼。重复上述过程，直至把样品缩分到实验所需量为止。

细骨料的堆积密度和人工砂坚固性检验项目所用的试样可不经缩分，拌匀后直接进行实验。

（3）粗骨料卵石与碎石的样品缩分。

将每组样品置于平板上，在自然状态下拌混均匀，并堆成锥体，然后沿互相垂直的两条直径把锥体分成大致相等的四份，取其对角的两份重新拌匀，再堆成锥体。重复上述过程，缩分至略多于实验所需的量为止。

碎石、卵石的含水率及堆积密度检验项目所用的试样可不经缩分，拌匀后直接进行实验。

3.2.2 细骨料堆积密度与空隙率实验

骨料的堆积密度是指骨料在堆积状态下单位体积所具有的质量。骨料在堆积状态下，骨料颗粒之间存在着空隙，空隙体积占骨料堆积体积的比率称为骨料的空隙率。

1. 实验目的与意义

了解细骨料的堆积密度、空隙率及其实验方法，可为计算混凝土中的砂浆用量和砂浆中的水泥净浆用量提供依据。

2. 实验原理

在一定容量的容量桶中紧密堆积或自然堆积骨料，测定单位体积的质量和堆积密度，通过表观密度与堆积密度的关系，测定空隙率。

3. 主要仪器设备

(1) 鼓风烘箱：温度控制在(105±5)℃。

(2) 天平：称量范围为 0~10 kg，感量为 1 g。

(3) 容量筒：内径为 108 mm、净高为 109 mm、壁厚为 2 mm、筒底厚约 5 mm、容积为 1 L 的圆柱形金属筒。

(4) 方孔筛：孔径为 4.75 mm。

(5) 垫棒：直径为 10 mm、长为 500 mm 的圆钢。

(6) 直尺、漏斗或料勺、搪瓷盘、毛刷等。

4. 试样制备

用搪瓷盘装取试样约 3 L，放在烘箱中在(105±5)℃下烘干至恒重，待冷却至室温后，筛除大于 4.75 mm 的颗粒，分成大致相等的两份备用。

5. 实验步骤

(1) 松散堆积密度实验步骤。

取一份试样，用漏斗或料勺将试样从容量筒中心上方 50 mm 处徐徐倒入，让试样以自由落体方式落下，当容量筒上部试样呈堆体，且容量筒四周溢满时，即停止加料。然后用直尺沿筒口中心线向两边刮平，称出试样和容量筒的总质量，精确至 1 g。

(2) 紧密堆积密度实验步骤。

取一份试样，分两次装入容量筒。装完第一层后，在筒底垫放一根直径为 10 mm 的圆钢，将筒按住，左右交替击打地面各 25 次，然后装入第二层，装满后用同样的方法颠实（筒底所垫钢筋的方向应与第一层的方向垂直）后，再加试样直至超过筒口，用直尺沿筒口中心线向两边刮平，称量试样和容量筒的总质量，精确至 1 g。

6. 注意事项

对首次使用的容量筒，应校正其容积的准确度，即将温度为(20±2)℃的饮用水装满容量筒，用玻璃板沿筒口推移，使其紧贴水面，擦干筒外壁水分，然后称出其质量，精确至 1 g。容量筒容积按下式计算(精确至 1 mL)：

$$V = G_2 - G_1 \tag{3-13}$$

式中：G_2——容量筒、玻璃板和水的总质量，g；

　　　G_1——容量筒和玻璃板质量，g；

　　　V——容量筒的容积，mL。

7. 计算与结果评定

(1) 砂的松散或紧密堆积密度按下式计算(精确至 10 kg/m³)：

$$\rho_1 = \frac{m_2 - m_1}{V} \times 1000 \tag{3-14}$$

式中：ρ_1——砂的松散或紧密堆积密度，kg/m³；

　　　m_2——容量筒和试样的总质量，g；

　　　m_1——容量筒的质量，g；

　　　V——容量筒的容积，L。

（2）砂的空隙率按下式计算（精确至 1%）：

$$V_0 = \left(1 - \frac{\rho_1}{\rho_2}\right) \times 100\%$$ (3 - 15)

式中：V_0——砂样的空隙率，%；

      ρ_1——砂样的松散或紧密堆积密度，kg/m³；

      ρ_2——砂样的表观密度，kg/m³。

堆积密度取两次测试结果的算术平均值作为测定值，精确至 10 kg/m³；空隙率取两次实验结果的算术平均值，精确至 1%。

8. 实验操作视频（详见二维码）

9. 练习题（详见二维码）

3.2.3　细集料的含水率实验

在自然环境中集料都有一定的含水率，根据环境状况的不同含水率会发生一定的变化。集料含水率是确定混凝土配合比的重要参数。

1. 实验目的与意义

测定出砂的含水率，可修正实验室标准混凝土配合比中水和砂的用量，调整工地现场混凝土中水和砂的用量。此外，在评定铁路路基压实度和公路路面压实度时，常需要先测定现场压实土样的含水率。

含水率的实验方法较多，有烘干法、酒精燃烧法和炒干法等，实验室常常使用烘箱烘干法，本小节将介绍烘干法。

2. 实验仪器

（1）天平：称量为 1 kg，感量为 0.1 g。

（2）烘箱：能使温度控制在（105±5）℃。

（3）标准筛、浅盘等。

3. 实验步骤

（1）按砂的取样方法，将自然潮湿状态的砂试样按四分法缩分至约为 1100 g，拌匀后将其大致分为两份，分别放入已知质量为 m_1 的干燥浅盘中备用。称量每盘砂样与浅盘的总质量 m_2，精确至 0.1 g。

（2）将装有砂样的浅盘放入温度为（105±5）℃的烘干箱中烘至恒重后取出，称出烘干后的砂样与浅盘的总质量 m_3，精确至 0.1 g。

4. 实验结果处理

（1）砂的含水率按下式计算：

$$W = \frac{m_2 - m_3}{m_3 - m_1}$$ （3-16）

式中：W——砂的含水率，精确至 0.1%；

　　　m_1——干燥浅盘的质量，精确至 0.1 g；

　　　m_2——烘干前砂样与浅盘的总质量，精确至 0.1 g；

　　　m_3——烘干后砂样与浅盘的总质量，精确至 0.1 g。

注意：含水率公式中的分子为水的质量；分母为烘干材料的质量，不是水与烘干材料的质量之和。其他材料（如粗骨料、木材等）的含水率计算公式与砂的含水率计算公式形式基本一致。

（2）以两次实验结果的算术平均值作为测定结果。

通常也可采用炒干法代替烘干法测定砂的含水率，粗集料的含水率实验与细集料的基本相同。

5. 练习题（详见二维码）

3.2.4　细骨料筛分析实验

对细骨料进行筛分析实验，主要是为了计算砂的细度模数和评定砂颗粒的级配，判定细骨料能否用于混凝土的拌合。

1. 实验目的与意义

对骨料进行筛分析实验，可以获得级配曲线，判定砂的颗粒级配情况，计算砂的细度模数，评定砂的规格，并掌握砂颗粒粗细程度和颗粒搭配之间的关系，为拌制混凝土时选用原材料作准备。

2. 实验原理

用一组不同孔径的筛子筛分骨料，用留在各筛上的筛余量计算水泥的粗细程度及级配。

3. 主要仪器设备

（1）鼓风烘箱：能使温度控制在（105±5）℃（见图 3-8）。

（2）称砂天平：称量范围为 1000 g，感量为 1 g。

（3）砂样筛：孔径为 9.5 mm、4.75 mm、2.36 mm、1.18 mm、0.60 mm、0.30 mm、0.15 mm 的方孔筛各 1 只，附有筛底和筛盖。

（4）摇筛机（见图 3-9）、搪瓷盘、毛刷等。

图 3-8　鼓风烘箱　　　　　　图 3-9　电动摇筛机

4. 试样制备

细骨料的试样制备先按照前述的缩分方法，将试样缩分至约 1100 g，然后放在温度为 (105±5)℃ 的烘箱烘干至恒重，待冷却至室温后，筛除大于 9.5 mm 的颗粒并计算其筛余百分率，再分成大致相等的两份备用。对于碎石或卵石试样的制备，同样先按照前述的缩分方法，将样品缩分至略重于表 3-27 所规定的试样所需量，然后烘干或风干后备用。

表 3-27　碎石或卵石筛分析所需试样的最少质量

最大公称粒径/mm	9.5	16.0	19.0	26.5	31.5	37.5	63.0	75.0
试样质量不少于/kg	1.9	3.2	3.8	5.0	6.3	7.5	12.6	16.0

5. 砂的筛分析实验步骤

(1) 称取砂试样 500 g，精确到 1 g，将试样依次倒入按孔径从大到小排序的顺序从上到下组合的套筛(附筛底)上，然后把套筛置于摇筛机上并固定。

(2) 启动摇筛机，摇筛 10 min 后停机，取下套筛，按筛孔大小顺序再逐个手筛，筛至每分钟试样通过量小于试样总质量的 0.1% 为止。通过的试样并入下一号筛中，与下一号筛中试样一起过筛。按此顺序逐个进行，直至各号筛全部筛完。试样在各个号筛的筛余量按下述方式计算。当粗骨料筛余颗粒的粒径大于 19.0 mm 时，在筛分过程中，允许用手指拨动颗粒。

① 质量仲裁时，砂试样在各筛上的筛余量不得超过下式的计算量：

$$m_x = \frac{A\sqrt{d}}{300} \qquad (3-17)$$

② 生产控制检验时，砂试样在各筛上的筛余量不得超过下式的计算量：

$$m_x = \frac{A\sqrt{d}}{200} \qquad (3-18)$$

式中：m_x——在某一个筛上的筛余量，g；

　　　A——筛面面积，mm²；

　　　d——筛孔尺寸，mm。

如果砂试样在各筛上的筛余量超过上述计算量，那么应将该筛余试样分成两份，再次进行筛分，并以筛余量之和作为该号筛的筛余量。

（3）称量各号筛中的筛余量，精确至 1 g。

6. 结果计算

（1）计算分计筛余百分率。

各号筛上的筛余量与试样总质量之比称为分计筛余百分率，分别记为 a_1、a_2、a_3、a_4、a_5、a_6，精确至 0.1%，分计筛余百分率按下式计算：

$$a_n = \frac{m_x}{M} \times 100\% \tag{3-19}$$

式中：a_n——各号筛的分计筛余百分率，%；

　　　 m_x——各号筛的筛余量，g；

　　　 M——试样总质量，g。

（2）计算累计筛余百分率。

某号筛的筛余百分率加上该号筛以上各筛的筛余百分率之和称为累计筛余百分率，精确至 0.1%，分别记为 A_1、A_2、A_3、A_4、A_5、A_6，按下式计算：

$$\begin{cases} A_1 = a_1 \\ A_2 = a_1 + a_2 \\ A_3 = a_1 + a_2 + a_3 \\ A_4 = a_1 + a_2 + a_3 + a_4 \\ A_5 = a_1 + a_2 + a_3 + a_4 + a_5 \\ A_6 = a_1 + a_2 + a_3 + a_4 + a_5 + a_6 \end{cases} \tag{3-20}$$

累计筛余百分率取两次测试结果的算术平均值作为实验结果，精确至 1%。筛分后，如果每号筛的筛余量与筛底的剩余量之和同原试样质量之差超过 1%，则必须重新进行实验。

（3）砂的细度模数按下式计算：

$$u_f = \frac{(A_2 + A_3 + A_4 + A_5 + A_6) - 5A_1}{100 - A_1} \tag{3-21}$$

式中：u_f——细度模数，精确至 0.01；

　　　 A_1、A_2、A_3、A_4、A_5、A_6——分别为 4.75 mm、2.36 mm、1.18 mm、0.60 mm、0.30 mm 及 0.15 mm 筛号的累计筛余百分率。

细度模数取两次测试结果的算术平均值作为实验结果，精确至 0.1。如两次实验的细度模数之差超过 0.20，则必须重新进行实验。

（4）根据各筛号的累计筛余百分率，绘制筛分曲线，评定砂的颗粒级配区情况。

7. 结果判定

（1）根据细度模数的计算值，判定被测砂试样属于粗、中、细三级中的哪一级。

（2）颗粒级配按实际测得的各筛累计筛余百分率与规定的砂粒级配区进行比较，判定被测砂试样属于Ⅰ、Ⅱ、Ⅲ三个级配区中的哪个区。

8. 注意事项

若在实验过程中停电，试样可放置于烘箱内，电力恢复正常后继续烘干至恒重。当摇筛机因停电或发生故障停止工作时，机筛可改为手筛。

9. 实验操作视频(详见二维码)

10. 练习题(详见二维码)

3.2.5　砂的含泥量实验

混凝土和砂浆用骨料要求洁净和无黏土杂质，但在工程实际中，天然的骨料难免会含有一定量的泥土杂质，即便是人工骨料，在运输和存放过程中，也会因黏土掺入造成污染。

1. 实验目的与意义

检测骨料含泥量是否超过规定值。

2. 实验原理

采用水洗法将小于 $75\ \mu m$ 的颗粒(泥)筛除，用筛除后的烘干试样质量的变化量占总质量的百分率表示含泥量。

3. 主要仪器设备

(1) 鼓风烘箱：能使温度控制在 (105 ± 5)℃

(2) 天平：称量范围为 $0\sim1000\ g$，感量为 $0.1\ g$。

(3) 方孔筛：孔径为 $0.075\ mm$、$1.18\ mm$ 的筛各一只。

(4) 容器：淘洗试样时能确保试样不溅出(深度大于 $250\ mm$)。

(5) 搪瓷盘、毛刷等。

4. 试样制备

将试样缩分至约 $1100\ g$，放入烘箱中在 (105 ± 5)℃ 下烘干至恒重，待冷却至室温后，分成大致相等的两份备用。

5. 实验步骤

(1) 称取试样 $500\ g$，精确至 $0.1\ g$。将试样倒入淘洗容器中，注入清水，使水面高于试样约 $150\ mm$，充分搅拌均匀后，浸泡 2 h。然后用手在水中淘洗试样，使尘屑、淤泥和黏土与砂粒分离，把浑水缓缓倒入孔径为 $1.18\ mm$ 及 $0.075\ mm$ 的套筛($1.18\ mm$ 筛放在上面)，滤去小于 $0.075\ mm$ 的颗粒。实验前筛子的两面应先用水润湿，在整个过程中要防止砂粒流失。

(2) 再向容器中注入清水，重复上述过程，直到容器内的水清澈为止。

(3) 用水淋洗在筛上的剩余细粒，并将 $0.075\ mm$ 的筛放在水中(使水面略高出筛中砂粒的上表面)来回摇动,洗掉小于 0.075 mm 的颗粒。然后将两只筛的筛余颗粒和清洗容器中已经洗净的试样一并倒入搪瓷盘。放在烘箱中在(105±5)℃下烘干至恒重,待冷却至室温后,称其质量,精确至 0.1 g。

6. 计算与结果评定

砂的含泥量按下式计算(精确至 0.1%):

$$Q_a = \frac{G_0 - G_1}{G_0} \times 100\% \qquad (3-22)$$

式中:Q_a——砂的含泥量,%;

G_0——实验前试样的烘干质量,g;

G_1——实验后试样的烘干质量,g。

砂的含泥量取两个试样检测结果的算术平均值作为测定值。对照规范标准规定,判定测实验结果是否合格。

7. 练习题(详见二维码)

3.2.6　碎石或卵石的含泥量实验

骨料含泥量是指碎石或者卵石中粒径小于 0.075 mm 的颗粒含量。因为碎石或者卵石的含泥量超限,会严重影响工程质量,甚至引发工程事故。因此,国家标准对碎石或者卵石中的含泥量有明确规定。只有碎石或者卵石的含泥量检验合格,才可用于混凝土的拌合。

1. 实验目的及意义

检测骨料含泥量是否超过规定值。

2. 实验原理

采用水洗法将小于 75 μm 的颗粒(泥)筛除,用筛除后烘干试样的质量变化量占总质量的百分率表示含泥量。

3. 主要仪器设备

(1) 天平:称量范围为 0~20 kg,感量为 1 g。

(2) 烘箱:能使温度控制在(105±5)℃。

(3) 实验筛:孔径为 1.18 mm 及 0.075 mm 的筛各一个。

(4) 容器:要求淘洗试样时,确保试样不溅出。

(5) 搪瓷盘、毛刷等。

4. 试样制备

实验前,用四分法将试样缩分至略大于规定的量,如表 3-28 所示,此时一定要注意防止细粉流失。然后将试样置于温度为(105±5)℃的烘箱内烘干至恒重,冷却至室温后分成大致相等的两份备用。

表 3-28 碎石或卵石含泥量实验所需试样最少质量

最大粒径/mm	9.5	16.0	19.0	26.5	31.5	37.5	63.0	75.0
试样量不少于/kg	2.0	2.0	6.0	6.0	10.0	10.0	20.0	20.0

5. 实验步骤

(1) 称取试样一份，精确至 1 g，装入容器中摊平，并注入洁净水或饮用水，使水面高出石子表面 150 mm，充分搅拌后，浸泡 2 h，然后用手在水中淘洗颗粒，使尘屑、淤泥和黏土与石子分离，并使之悬浮或溶解于水。缓缓地将浑浊液倒入 1.18 mm 及 0.075 mm 的套筛(1.18 mm 筛放置在上面)上，滤去小于 0.075 mm 的颗粒。实验前筛子的两面应先用水湿润，在整个实验过程中应避免大于 0.075 mm 的颗粒流失。

(2) 再次加水于容器中，重复上述过程，直至洗出的水清澈为止。

(3) 用水冲洗剩留在筛上的细粒，并将 0.075 mm 筛子放在水中(使水面略高出筛内颗粒)来回摇动，以充分洗除小于 0.075 mm 的颗粒，然后将两只筛上剩留的颗粒和筒中已洗净的试样一并装入搪瓷盘中，置于温度为(105±5)℃的烘箱中烘干至恒重，取出冷却至室温后，称取试样的质量，精确至 1 g。

6. 计算与结果判定

碎石或卵石的含泥量按下式计算(精确至 0.1%)：

$$Q_a = \frac{G_1 - G_2}{G_1} \times 100\% \tag{3-23}$$

式中：Q_a——碎石或卵石的含泥量，%；

G_0——实验前碎石或卵石试样的干质量，g；

G_1——实验后碎石或卵石试样的干质量，g。

以两个试样检测结果的算术平均值作为测定值，精确至 0.1%。若两次结果的差值超过 0.2%，则应重新取样并进行实验。对照规范标准规定，判定实验结果是否合格。

7. 练习题(详见二维码)

3.2.7 砂中泥块含量实验

骨料(尤其是天然骨料)不但含有泥土颗粒杂质，而且因产源不同还常含有泥块状杂质，其危害不亚于含泥量超限对工程质量的影响。因此，国家标准对骨料中的泥块含量也作出了明确规定，当骨料中泥块含量在规定范围之内时，骨料泥块含量检验合格，可用于混凝土或砂浆工程；否则，判定骨料中泥块含量检验不合格，不能直接用于混凝土或砂浆工程。

1. 实验目的及意义

检测骨料含泥块量是否超过规定值，以便指导工程施工。

2. 实验原理

采用水洗法将小于 80 μm 的颗粒(泥)筛除，用筛除后烘干试样的质量变化量占总质量的百分率表示含泥块量。

3. 主要仪器设备

(1) 鼓风烘箱：能使温度控制在(105±5)℃

(2) 天平：称量范围为 0~1000 g，感量为 0.1 g。

(3) 方孔筛：孔径为 0.60 mm 及 1.18 mm 的筛各一只。

(4) 容器：淘洗试样时能确保试样不溅出，深度大于 250 mm。

(5) 搪瓷盘、毛刷等。

4. 试样制备

实验前，将试样缩分至约 5000 g，放入烘箱中在(105±5)℃下烘干至恒重，待冷却至室温后，筛除小于 1.18 mm 的颗粒，分成大致相等的两份备用。

5. 实验步骤

(1) 称取烘干试样 200 g，精确至 0.1 g。

(2) 将试样倒入淘洗容器中，注入洁净的清水，使水面高出试样表面约 150 mm，充分搅拌均匀后浸泡 24 h。然后用手在水中碾碎泥块，再把试样放在 0.60 mm 筛上，用水淘洗，直至目测容器内的水清澈为止。

(3) 把筛余试样小心地从筛中取出，装入浅盘后放入烘箱，在(105±5)℃下烘干至恒重，待冷却到室温后称其质量，精确至 0.1 g。

6. 计算与结果评定

砂的泥块含量按下式计算(精确至 0.1%)：

$$Q_b = \frac{G_1 - G_2}{G_1} \times 100\% \qquad (3-24)$$

式中：Q_b——砂的泥块含量，%；

　　　G_1——1.18 mm 筛余砂试样的干质量，g；

　　　G_2——实验后试样的干质量，g。

砂的泥块含量取两次检测结果的算术平均值作为测定值，精确至 0.1%。对照规范标准规定，判定实验结果是否合格。

7. 练习题(详见二维码)

3.2.8　碎石或卵石中泥块含量实验

泥块含量是指碎石或卵石中原粒径大于 4.75 mm，经过水浸洗、手捏后，粒径小于

2.36 mm的颗粒含量。碎石或卵石中泥块含量过多会对混凝土的强度、干缩、徐变、抗渗、抗冻融及抗磨损等性能造成不良影响。

1. 实验目的及意义

检测骨料含泥块量是否超过规定值，以便指导工程施工。

2. 实验原理

采用水洗法将小于 80 μm 的颗粒(泥)筛除，用筛除后烘干试样的质量变化量占总质量的百分率表示含泥块量。

3. 主要仪器设备

(1) 鼓风烘箱：能使温度控制在(105±5)℃。

(2) 天平：称量范围为 0~10 kg，感量为 1 g。

(3) 方孔筛：孔径为 2.36 mm 及 4.75 mm 的筛各一只。

(4) 容器：淘洗试样时能确保试样不溅出。

(5) 搪瓷盘、毛刷等。

4. 试样制备

实验前，将样品用四分法缩分至略大于标准规定的 2 倍质量，缩分时应防止所含黏土块被压碎。缩分后的试样在(105±5)℃烘箱内烘至恒重，冷却至室温后，筛除小于 4.75 mm 的颗粒，分成大致相等的两份备用。

5. 实验步骤

(1) 先筛去 4.75 mm 以下的颗粒，然后称重。

(2) 根据试样的最大粒径，按规定质量称取试样一份，精确到 1 g。将试样倒入淘洗容器中，注入清水，使水面高于试样上表面，充分搅拌均匀后，浸泡 24 h。然后用手在水中碾碎泥块，再把试样放在 2.36 mm 筛上，用水淘洗，直至容器内的水目测清澈为止。

(3) 将筛余试样小心地从筛中取出，装入搪瓷盘后，放在干燥箱中在(105±5)℃下烘干至恒量，待冷却至室温后，称出质量，精确到 1 g。

6. 计算与结果判定

碎石和卵石的泥块含量按下式计算(精确至 0.01%)：

$$Q_b = \frac{G_1 - G_2}{G_1} \times 100\% \qquad (3-25)$$

式中：Q_b——碎石和卵石的泥块含量，%；

G_1——4.75 mm 筛筛余试样的质量，g；

G_2——实验后烘干试样的质量，g。

以两个试样检测结果的算术平均值作为测定值，精确至 0.1%，若两次结果的差值超过 0.2%，则应重新取样进行实验。对照规范标准规定，判定泥块含量实验结果是否合格。

7. 练习题(详见二维码)

3.2.9　粗集料的针、片状颗粒含量实验

在碎石粗骨料中，常含有针状和片状的岩石颗粒，当针状、片状颗粒含量过多时，会降低混凝土的强度，还会使混凝土拌合物的泵送性能变差。所以，国家标准对粗骨料中的针状、片状颗粒含量有明确的规定。

1. 实验目的及意义

通过测定粒径不大于 37.5 mm 的碎石或卵石中针、片状颗粒的总含量，可以判断该碎石或卵石的形状和抗压碎能力能否用来配制混凝土。一般先用肉眼观察，若明显有较多的针状或片状颗粒再做此实验。通过实验，可评价骨料形状对混凝土的影响以及在工程中的影响。

2. 实验原理

按照粒径的最大长度及最小厚度判定针片状骨料及针片状颗粒的含量。

3. 实验仪器

(1) 针状规准仪与片状规准仪(见图 3 - 10)。

(a) 针状规准仪与片状规准仪立体图

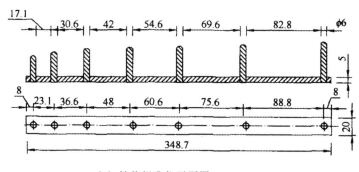

(b) 针状规准仪平面图

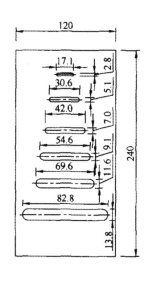

(c) 片状规准仪平面图

图 3 - 10　针状规准仪和片状规准仪(单位：mm)

(2) 台秤：称量 10 kg，感量不大于 1 g。

(3) 方孔筛：孔径为 4.75 mm、9.50 mm、16.0 mm、19.0 mm、26.5 mm、31.5 mm 及 37.5 mm 的筛各一个。

4. 实验步骤

(1) 将试样在室内风干至表面干燥，并用四分法缩分至表 3 - 29 中规定的用量，称重，

然后筛分至表中所规定的粒级备用。

表 3 - 29　针、片状颗粒含量实验所需的试样用量

最大粒径/mm	9.5	16.0	19.0	26.5	31.5	37.5	63.0	75.0
最少试样用量/kg	0.3	1.0	2.0	3.0	5.0	10.0	10.0	10.0

（2）称取表 3 - 29 规定数量的试样一份，精确到 1 g。然后按表 3 - 30 规定的粒级规定进行筛分。

表 3 - 30　针、片状颗粒含量实验的粒级划分及相应的规准仪孔宽或间距

石子粒级/mm	4.75～9.5	9.5～16	16～19	19～26.5	26.5～31.5	31.5～37.5
片状规准仪相对应孔宽/mm	2.8	5.1	7.0	9.1	11.6	13.8
针状规准仪相对应间距/mm	17.1	30.6	42	54.6	69.6	82.8

（3）按表 3 - 30 规定的粒级分别用规准仪逐粒检验试样，凡颗粒长度大于针状规准仪上相应间距者为针状颗粒；颗粒厚度小于片状规准仪上相应孔宽者为片状颗粒。称出总质量，精确至 1 g。

（4）石子粒径大于 37.5 mm 的碎石或卵石可依据游标卡尺的卡口设定宽度检测，宽度应符合表 3 - 31 的规定。

表 3 - 31　大于 37.5 mm 针、片状颗粒含量的粒级划分及其相应卡尺的卡口设定宽度

石子粒级/mm	37.5～53.0	53.0～63.0	63.0～75.0	75.3～90.0
检验片状颗粒的卡尺卡口设定宽度/mm	18.1	23.2	27.6	33.0
检验针状颗粒的卡尺卡口设定宽度/mm	108.6	139.2	165.6	198.2

5. 实验结果处理

针、片状颗粒含量按下式计算（精确至 1%）：

$$Q_c = \frac{G_1}{G_2} \times 100\% \qquad\qquad (3 - 26)$$

式中：Q_c——针、片状颗粒的百分含量，%；

　　　G_1——试样的质量，g；

　　　G_2——试样中所含针、片状颗粒的总质量，g。

6. 练习题（详见二维码）

3.2.10　砂的坚固性实验（硫酸钠溶液法）

骨料常因表面风化等原因而坚固性不足或质量损失过多，从而引发不同程度的工程事故。骨料在混凝土和砂浆中充当骨架并具有填充作用，所以骨料本身应具有足够的坚固性，即要求骨料的强度应比水泥石更高。

1. 实验目的和意义

掌握检测砂的坚固性实验方法，为指导施工和保证施工质量奠定基础。

2. 实验原理

通过测定硫酸钠饱和溶液渗入砂中形成结晶的裂胀力对砂的破坏程度间接判断其坚固性。

3. 实验主要仪器设备

(1) 鼓风烘箱：能使鼓风烘箱的温度控制在 (105 ± 5)℃。

(2) 天平：称量 1000 g，感量 0.1 g。

(3) 三脚网篮：三脚网篮用金属丝制成，网篮直径和高均为 70 mm，网的孔径应不大于所盛试样中最小粒径的一半。

(4) 方孔筛：孔径 0.15 mm、0.30 mm、0.60 mm、1.18 mm、2.36 mm、4.75 mm 及 9.5 mm 的实验筛各一个。

(5) 容器：瓷缸容积不小于 10 L。

(6) 比重计、玻璃棒、搪瓷盘、毛刷等。

(7) 10% 氯化钡溶液、硫酸钠饱和溶液。

4. 硫酸钠溶液的配制及试样制备

在水温为 30℃ 左右的 1 L 水中加入无水硫酸钠 (Na_2SO_4)350 g 或结晶硫酸钠 $(Na_2SO_4\cdot H_2O)$750 g，边加入边用玻璃棒搅拌，使其溶解并达到饱和状态。然后冷却至 20~25℃，并在此温度下静置 48 h，即为实验溶液，其密度应为 1.151~1.174 g/cm^3。

5. 实验步骤

(1) 将试样缩分至约 2000 g，把试样倒入容器中，用水浸泡，淋洗干净后，放在烘箱中于 (105 ± 5)℃ 下烘干至恒重，待冷却至室温后，筛除大于 4.75 mm 及小于 0.30 mm 的颗粒，然后筛分成 0.30~0.60 mm、0.60~1.18 mm、1.18~2.36 mm 和 2.36~4.75 mm 四个粒级备用。

(2) 称取每个粒级试样各 100 g，精确至 0.1 g。将不同粒级的试样分别装入网篮，并浸入盛有硫酸钠溶液的容器中，溶液的体积应不小于试样总体积的 5 倍。网篮浸入溶液时，应上下升降 25 次，以排除试样的气泡，然后静置于该容器中。网篮底面应距离容器底面约 30 mm，网篮之间的距离应不小于 30 mm，液面至少高于试样表面 30 mm，溶液温度应保持在 20~25℃。

(3) 浸泡 20 h 后，把装有试样的网篮从溶液中取出，放在烘箱中于 (105 ± 5)℃ 下烘 4 h，至此，完成第一次实验循环，待试样冷却至 20~25℃ 后，再按上述方法进行第二次循环。从第二次循环开始，浸泡与烘干时间均为 4 h，共循环 5 次。

(4) 最后一次循环结束后，用清洁的温水淋洗试样，直至淋洗试样后的水加入少量氯化钡溶液不出现白色浑浊状物质为止。洗过的试样放在烘箱中于 (105 ± 5)℃ 下烘干至恒重。待冷却至室温后，用孔径为试样粒级下限的筛过筛，称出各粒级试样实验后的筛余量，精确至 0.1 g。

6. 计算与结果评定

(1) 各粒级试样质量损失百分率按下式计算(精确至 0.1%):

$$P_i = \frac{G_1 - G_2}{G_1} \times 100\% \qquad (3-27)$$

式中: P_i——各粒级试样质量损失百分率,%;

　　　G_1——各粒级试样实验前的质量,g;

　　　G_2——各粒级试样实验后的筛余量,g。

(2) 试样的总质量损失百分率 P 按下式计算(精确至 1%):

$$P = \frac{\alpha_1 P_{j1} + \alpha_2 P_{j2} + \alpha_3 P_{j3} + \alpha_4 P_{j4}}{\alpha_1 + \alpha_2 + \alpha_3 + \alpha_4} \qquad (3-28)$$

式中: P——试样的总质量损失率,%;

　　　a_1、a_2、a_3、a_4——分别为各粒级质量占试样(原试样中筛除了大于 4.75 mm 颗粒及小于 0.3 mm 的颗粒)总质量的百分率,%;

　　　P_{j1}、P_{j2}、P_{j3}、P_{j4}——各粒级的分计质量损失百分率,%。

(3) 将计算出的总质量损失百分率与规范规定的数值进行比较,判定砂的坚固性是否合格。

7. 练习题(详见二维码)

3.2.11　砂的坚固性实验(压碎指标法)

砂的压碎指标是反映细集料抗压强度的相对指标,可以用来判断细集料的强度技术性质。

1. 实验目的及意义

掌握检测砂的坚固性实验方法,为指导施工和保证施工质量奠定基础。

2. 实验原理

在一定荷载下加压,砂子通过一定孔径的质量占总质量之比为定值。

3. 主要仪器设备

(1) 鼓风烘箱:能使鼓风烘箱温度控制在(105±5)℃。

(2) 天平:称量 10 kg 或 1000 g,感量为 1 g。

(3) 压力实验机:实验机量程为 50~1000 kN。

(4) 受压钢模:钢膜由圆筒、底盘和加压块组成,其尺寸如图 3-11 所示。

(5) 方孔筛:孔径为 4.75 mm、2.36 mm、1.18 mm、0.60 mm 及 0.30 mm 的方孔筛各一只。

（6）搪瓷盘、小勺、毛刷等。

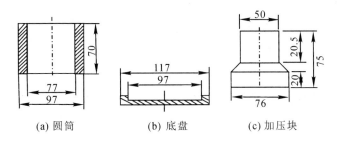

(a) 圆筒　　　　　(b) 底盘　　　　　(c) 加压块

图 3-11　受压钢模示意图

4. 实验步骤

（1）按前述的取样方法取样，将试样放在烘箱中于(105±5)℃下烘干至恒量，待冷却至室温后，筛除大于 4.75 mm 及小于 0.30 mm 的骨料颗粒，然后按下述颗粒级配分成 0.3～0.6 mm、0.6～1.18 mm、1.18～2.36 mm 及 2.36～4.75 mm 四个粒级，每级称量 1000 g 备用。

（2）称取单粒级试样 330 g，精确至 1 g。将试样倒入组装的受压钢模内，使试样距底盘面的高度约 50 mm。整平钢模内试样的表面，将加压块放入圆筒内并转动一周，使之与试样均匀接触。

（3）将装好试样的受压钢模置于压力机的支承板上，对准压板中心后开动机器，以每秒钟 500 N 的速率加荷。加荷至 25 kN 时稳荷 5 s 后，以同样速率卸荷。

（4）取下受压模，移去加压块，倒出压过的试样，然后用该粒级的下限筛（如粒级为 4.75～2.36 mm，其下限筛指孔径为 2.36 mm 的筛）进行筛分，称出试样的筛余量和通过量，均精确至 1 g。

5. 计算与结果评定

第 i 单粒级砂样的压碎指标按下式计算（精确至 1%）：

$$Y_i = \frac{G_2}{G_1 + G_2} \times 100\% \qquad (3-29)$$

式中：Y_i——第 i 单粒级压碎指标值，%；

　　　G_1——试样筛余量，g；

　　　G_2——试样通过量，g。

第 i 单粒级压碎指标值取三次检测结果的算术平均值作为测定值，精确至 1%，取最大单粒级压碎指标值作为其压碎指标值。

6. 练习题（详见二维码）

3.2.12 碎石或卵石的坚固性实验(硫酸钠饱和溶液法)

碎石或卵石的坚固性是检验石子在气候、环境变化或其他物理因素作用下抵抗碎裂的能力,是决定耐久性的重要指标。

1. 实验目的及意义

掌握检测碎石或卵石的坚固性实验方法,为指导施工和保证施工质量奠定基础。

2. 实验原理

通过测定硫酸钠饱和溶液渗入砂中形成结晶的裂胀力对砂的破坏程度,间接判断其坚固性。

3. 主要仪器设备与试剂

(1)烘箱:能使烘箱温度控制在(105±5)℃。

(2)天平:称量 10 kg,感量 1 g。

(3)方孔筛:根据试样粒级,同筛分析实验用筛。

(4)容器:搪瓷盆或瓷盆,容积不小于 50 L。

(5)三脚网篮:网篮的外径为 100 mm,高为 150 mm,孔径为 2~3 mm,由铜丝制成。检验 40~80 mm 的颗粒时,应采用外径和高均为 150 mm 的网篮。

(6)试剂:10%氯化钡溶液、硫酸钠溶液。

(7)比重计、搪瓷盘、毛刷等。

4. 硫酸钠溶液和试样的制备

(1)硫酸钠溶液的配制:取一定数量的蒸馏水(水量取决于试样及容器的大小),水温30℃左右,每 1 L 蒸馏水加入无水硫酸钠(Na_2SO_4)350 g 或结晶硫酸钠($Na_2SO_4 \cdot H_2O$)750 g,用玻璃棒搅拌,使其溶解并达到饱和状态,然后冷却至 20~25℃,在此温度下静置48 h 即为实验溶液,其密度应为 1.151~1.174 g/m³。

(2)试样的制备:将试样按表 3-32 的规定分级,并分别淋洗干净,放入(105±5)℃的烘箱内烘干至恒重,待冷却至室温后,筛除小于 4.75 mm 的颗粒,然后按第二节的规定进行筛分后备用。

表 3-32 碎石或卵石的坚固性实验所需的各粒级试样量

石子粒级/mm	4.75~9.50	9.50~19.0	19.0~37.5	37.5~63.0	63.0~75.0
试样质量/g	500	1000	1500	3000	3000

5. 实验步骤

(1)根据试样的最大粒径,称取表 3-32 规定数量的试样一份,精确至 1 g。将不同粒级的试样分别装入网篮,浸入盛有硫酸钠溶液的容器中,溶液的体积应不小于试样总体积的 5 倍。网篮浸入溶液时,应上下升降 25 次,以排除试样的气泡,然后静置于该容器中,网篮底面应距离容器底面约 30 mm,网篮之间距离应不小于 30 mm,液面至少高于试样表面 30 mm,溶液温度应保持在 20~25℃。

(2)浸泡 20 h 后,把装试样的网篮从溶液中取出,放在干燥箱中于(105±5)℃下烘 4

h，至此，完成了第一次实验循环。待试样冷却至 20～25℃后，再按上述方法进行第二次循环。从第二次循环开始，浸泡与烘干时间均为 4 h，共循环 5 次。

（3）完成最后一次循环后，用清洁的温水淋洗试样，直至淋洗试样后的水加入少量氯化钡溶液不出现白色浑浊物为止，洗过的试样放在干燥箱中于(105±5)℃下烘干至恒重。待冷却至室温后，用孔径为试样粒级下限的筛过筛，称出各粒级试样实验后的筛余量，精确至 0.1 g。

（4）对于粒径大于 20 mm 的试样，应在实验前后记录其颗粒数量，并作外观检查，描述颗粒的裂缝、开裂、剥落、掉边和掉角等情况，作为坚固性分析的补充依据。

6. 结果计算

（1）试样中某粒级颗粒的分计质量损失百分率平 P_i 按下式计算(精确至 0.1%)：

$$P_i = \frac{G_1 - G_2}{G_1} \times 100\% \qquad (3-30)$$

式中：P_i——各粒级试样质量损失百分率，%；

$\quad$ G_1——各粒级试样实验前的质量，g；

$\quad$ G_2——各粒级试样实验后的质量，g。

（2）试样的总质量损失百分率 P 按下式计算(精确至 1%)：

$$P = \frac{a_1 P_{j1} + a_2 P_{j2} + a_3 P_{j3} + a_4 P_{j4} + a_5 P_{j5}}{a_1 + a_2 + a_3 + a_4 + a_5} \qquad (3-31)$$

式中：P——总质量损失百分率，%；

$\quad$ a_1、a_2、a_3、a_4、a_5——分别为各粒级质量占试样(原试样中筛除了小于 4.75 mm 颗粒)总质量的百分率，%；

$\quad$ P_{j1}、P_{j2}、P_{j3}、P_{j4}、P_{j5}——各粒级的分计质量损失百分率，%。

7. 练习题(详见二维码)

3.2.13　碎石或卵石的坚固性实验(压碎指标法)

碎石压碎值是衡量碎石力学性质的指标之一，用于衡量在逐渐增加的荷载下碎石抵抗压碎的能力，可评定碎石的工程适用性。

1. 实验目的及意义

掌握检测碎石或卵石的坚固性实验方法，为指导施工和保证施工质量奠定基础。

2. 实验原理

以一定荷载加压，求得砂子通过一定孔径的质量占总质量之比。

3. 实验主要仪器设备

（1）压力实验机：荷载量程 300 kN，示值相对误差 2%。

（2）压碎指标值测定仪：如图 3-12 所示。

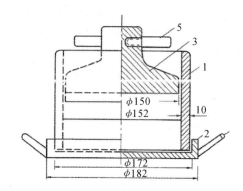

1—把手；2—加压头；3—圆模；4—底盘；5—手把

图 3-12　石子压碎仪

（3）秤或天平：称量 10 kg，感量 1 g。

（4）方孔筛：孔径分别为 2.36 mm、9.50 mm 和 19.0 mm 的筛各一只。

（5）垫棒：垫棒为 ϕ10 mm，长 500 mm 的圆钢。

4. 试样制备

按规定取样，风干后筛除大于 19.0 mm 及小于 9.50 mm 的颗粒，并去除针、片状颗粒，分为大致相等的三份备用。若试样中粒径在 9.50～19.0 mm 之间的颗粒数量不足，允许将粒径大于 19.0 mm 的颗粒破碎成粒径在 9.50～19.0 mm 范围内的颗粒用于压碎指标实验。

5. 实验步骤

（1）称取试样 3000 g，精确至 1 g。将试样分两层装入圆模（置于底盘上）内，每装完一层试样后，在底盘下面垫放一直径为 10 mm 的圆钢，将筒按住，左右交替颠击地面各 25 次，将两层颠实后，平整模内试样表面，盖上压头。当圆模装不下 3000 g 试样时，可装至距圆模上口 10 mm。

（2）把装有试样的圆模置于压力实验机上，开动压力实验机，以 1 kN/s 的速率均匀加荷至 200 kN 并稳荷 5 s，然后卸荷。取下加压头，倒出试样，用孔径 2.36 mm 的筛筛除被压碎的细粒，称出留在筛上的试样质量，精确至 1 g。

6. 计算与结果判定

碎石或卵石的压碎指标值按下式计算（精确至 0.1%）：

$$Q_a = \frac{G_1 - G_2}{G_1} \times 100\% \qquad (3-32)$$

式中：Q_a——碎石或卵石的压碎指标值，%；

　　　G_1——试样的质量，g；

　　　G_2——压碎实验后筛余的试样质量，g。

以三次检测结果的算术平均值作为压碎指标测定值，精确至 1%，对照规范标准的规定，判定试样是否合格。

7. 练习题(详见二维码)

3.3　混凝土拌合物性能检测

3.3.1　概述

由胶凝材料、骨料和拌合水按一定比例与方法配制的混合性材料，在凝结硬化之前称为混凝土拌合物，硬化之后称为混凝土。表观密度在 $1900\sim2500\ kg/m^3$ 的混凝土称为普通混凝土，简称混凝土。本章主要介绍普通混凝土拌合物的相关实验原理和方法。

1. 混凝土拌合物和易性

和易性是指对混凝土拌合物进行拌合、运输、浇灌、振实、成型等各项施工操作，最终使拌合物获得质量均匀，成型密实的性能。显然，混凝土拌合物和易性是一个综合性的性能指标，包括三方面的含义，即流动性、黏聚性和保水性。流动性是指混凝土拌合物在自重或机械振捣作用下，能够流动并均匀密实地填充模板；黏聚性是指混凝土拌合物对施工过程中各组成材料产生的一定的黏聚力，并且自身不致产生分层和离析现象的性能；保水性是指混凝土拌合物在施工过程中具有一定的保水性能，不致产生严重的泌水现象的性能。流动性的大小，反映混凝土拌合物的稀稠程度，直接影响着混凝土浇筑施工的难易程度和施工质量；黏聚性不良的混凝土拌合物，不但难以获得组分均匀的混凝土，而且混凝土的强度也难以保证；保水性较差的混凝土拌合物，将有一部分水分泌出，水化反应不完全，在混凝土内部或表面将留下泌水通道，使得混凝土的密实度不高，从而降低混凝土的强度和耐久性。

鉴于混凝土拌合物和易性的多向性、综合性和复杂性特点，很难用单一指标与方法对混凝土拌合物的和易性作出全面的表达和评定。目前，采用坍落度法和维勃稠度法来定量检测混凝土拌合物的流动性；用直观的定性方法来评定混凝土拌合物的黏聚性和保水性。

混凝土拌合物的性能除了和易性以外，还有表观密度、凝结时间等，其物理意义和质量标准应符合相关规定。

2. 混凝土拌合物的制备

混凝土拌合物的制备可采用人工拌合法与机械搅拌法。

(1) 人工拌合法。

① 按照事先确定的混凝土配合比，计算各组成材料的用量，称量后备用。骨料称量精度应为 $\pm0.5\%$，水泥、掺合料、水、外加剂的称量精度均为 $\pm0.2\%$。

② 将面积为 $1.5\ m\times2\ m$ 的拌板和拌铲润湿，先把砂倒在拌板上，后加入水泥，用拌铲将其从拌板的一端翻拌到另一端。如此重复，直至砂和水泥充分混合(表观颜色均匀)。然后再加入粗骨料，同样翻拌到均匀为止。

③ 将以上混合均匀的干料堆成中间留有凹槽的堆状，把称量好的一半拌合水先倒入凹槽，然后仔细翻拌，再缓慢加入另一半拌合水，继续翻拌，直至拌合均匀。根据拌合量的大小，从加水开始计算，拌合时间应符合表 3 - 33 的规定。

表 3 - 33　混凝土不同拌合量所需的拌合时间

混凝土拌合物体积(L)	拌合时间(min)	备注
<30	4～5	完成混凝土拌合后，根据实验项目要求，应立即进行测试或成型试件的操作，从加水开始计算，全部时间须在 30 min 内完成
30～50	5～9	
31～75	9～12	

（2）机械拌合法。

① 按照事先确定的混凝土配合比，计算各组成材料的用量，称量后备用。骨料称量精度应为 $\pm 0.5\%$；水泥、掺合料、水、外加剂的称量精度均为 $\pm 0.2\%$。拌合物的一次搅拌量不宜少于搅拌机公称容量的 1/4，不应大于搅拌机公称容量，且不应少于 20 L。

② 为了保证实验结果的准确性，在正式拌合开始前，一般要预拌一次（刷膛）。预拌选用的配合比与正式拌合的配合比相同，刷膛后的混凝土拌合物要全部倒出，刮净多余的砂浆。

③ 正式拌合。启动混凝土搅拌机，向搅拌机料槽内依次加入粗骨料、细骨料和水泥，进行干拌，使其均匀后再缓慢加入拌合水，全部加水时间不应超过 2 min。加水结束后，再继续拌合 2 min。

④ 关闭搅拌机并切断电源，将混凝土拌合物从搅拌机中倒出，堆放在拌板上，再人工拌合 2 min 即可进行测试或成型试件的操作。从开始加水计算，所有操作用时须在 30 min 内完成。

3. 实验取样

（1）混凝土拌合物的实验用料应根据不同要求，从同一搅拌锅或同一车运送的混凝土拌合物中取出，或在实验室单独拌制。混凝土拌合物的取样要具有代表性，宜采用多次取样的方法，一般在同一搅拌锅或同一车混凝土拌合物的约 1/4 处、1/2 处和 3/4 处分别取样，然后人工搅拌均匀。从第一次取样到最后一次取样的时间间隔不宜超过 15 min。

（2）进行实验室混凝土拌制实验时，所用骨料应提前运入实验室内，拌合时实验室的温度应保持在(20±5)℃，所用材料的温度应与实验室的温度保持一致。当需要模拟施工条件时，原材料的温度宜与施工现场保持一致。

（3）混凝土拌合物的材料用量应以质量计，骨料的称量精度为 $\pm 1\%$，水泥、水和外加剂的称量精度均为 $\pm 0.5\%$。

（4）从试样制备完毕到开始做各项性能实验的时间不宜超过 5 min。同一组混凝土拌合物的取样应从同一搅拌锅或同一车运送的混凝土中取样，取样量应多于实验所需量的 1.5 倍，且不宜小于 20 L。

3.3.2　混凝土拌合物和易性实验(坍落度法)

混凝土拌合物的坍落度是和易性的定量指标，其大小能够反映混凝土拌合物的稠稀程度，也可表明混凝土拌合物的流动性。

1. 实验目的及依据

本实验的依据是(GB/T50080—2016)《普通混凝土拌合物性能实验方法标准》，通过测定拌合物的坍落度，观察其流动性、保水性与黏聚性，综合判定混凝土的和易性，将其作为调整配合比和控制混凝土质量的依据，本实验方法适用于测定骨料最大粒径 D_{max} 不大于 40 mm，且坍落度不小于 10 mm 的拌合物。

2. 主要仪器设备

(1) 磅秤：量程 0～50 kg，精度 50 g。

(2) 天平：量程 0～5 kg，精度 1 g。

(3) 量筒：200 mL 和 1000 mL 各 1 只。

(4) 搅拌机：50 L 与 250 L 搅拌机各 1 台，如图 3 - 13 所示。

(5) 坍落度筒及捣棒：坍落度筒为金属制圆锥体筒，底部内径 200 mm，顶部内径 100 mm，高 300 mm，壁厚不小于 1.5 mm；捣棒尺寸约 16 mm×600 mm，如图 3 - 14 所示。

(6) 拌板、铁锹、小铲、盛器、抹刀、抹布、钢直尺等。

　　图 3 - 13　混凝土搅拌机　　　　　　　图 3 - 14　坍落度筒

3. 拌合物试样的制备

(1) 拌制混凝土的一般规定。

① 拌制混凝土的原材料应符合相关技术要求，并与施工实际用料相同。在拌制前，材料的温度应与实验室室温[应保持在(20±5)℃]相同，如水泥有结块现象，应用 0.9 mm 的筛过筛，筛余团块不得再次使用。

② 在确定用水量时，应扣减原材料的含水量，并相应增加其他各种材料的用量。

③ 拌制混凝土的材料用量应以质量计。称量精度：集料为±0.5%，水、水泥、混凝土掺和料及外加剂均为±0.2%。

④ 拌制混凝土所用的各种用具(搅拌机、拌和铁板、铁锹、抹刀等)，应预先用水湿润，使用完毕后必须清洗干净，上面不得有混凝土残渣。

(2) 拌和方法。

按所需质量称取各种材料，按石、水泥、砂的顺序依次装入搅拌机的料斗，开动机器徐徐加入称量好的水,继续搅拌 2～3 min,将混凝土拌合物倾倒在铁板上,再人工翻拌两次,使拌合物组分均匀一致。

4.实验步骤

(1)湿润坍落度筒及底板,坍落度筒内壁和底板上应无明水。底板应放置在坚实的水平地面上,将坍落度筒放在底板中心,然后用脚踩住两边的脚踏板,使坍落度筒在装料时保持固定的位置。

(2)将按要求取得的混凝土试样用小铲分 3 层均匀地装入筒内,捣实后每层高度为筒高的 1/3 左右。每层用捣棒插捣 25 次。插捣应沿螺旋方向由外向中心进行,各次插捣点在截面上应均匀分布。插捣筒边混凝土时,捣棒可以稍稍倾斜,插捣底层时,捣棒应贯穿整个深度,插捣第 2 层和顶层时,捣棒应插透本层至下一层的表面。装填顶层时,应将混凝土灌满并高出筒口坍落度。在插捣过程中,如果拌合物低于筒口,应随时添加拌合物使之高于筒口坍落度。顶层插捣完毕后,刮去多余的混凝土,并用抹刀抹平。

(3)清理筒边底板上的混凝土,小心垂直地提起坍落度筒。提起时应特别注意平衡,不要让混凝土试体受到碰撞或震动,筒体的提离应在 3～7 s 内完成。开始装料入筒到提起坍落度筒的整个过程应连续地进行,并在 150 s 内完成。

(4)坍落度筒提起后,将筒安放在拌合物试体的一侧(注意整个操作基面要保持在同一水平面内),立即测量筒顶与坍落后混凝土试体最高点之间的高度差,此即为该混凝土拌合物的坍落度值(以 mm 为单位,结果应精确至 5 mm)。提离坍落度筒后,如果试件发生崩坍现象或单边受到剪切破坏,则应重新取样进行测定。如第 2 次仍出现这种现象,则表示该拌合物和易性不好,应予以记录。

(5)保水性。以目测的方式判断,提起坍落度筒后,如有较多稀浆从底部析出,试体骨料因失浆外露,表明该混凝土拌合物保水性能不好;若无此现象,或仅有少量稀浆自底部析出,锥体部分的混凝土试体含浆饱满,则表明该混凝土拌合物保水性良好,并做记录。

(6)黏聚性。以目测的方式判断,用捣棒在已坍落的混凝土锥体侧面轻轻敲打,若混凝土锥体逐渐下沉,则表明黏聚性良好;如果锥体倒塌,部分崩裂或出现离析现象,则表明黏聚性不好,应做记录。

(7)当混凝土拌合物的坍落度大于 220 mm 时,用钢尺测量混凝土坍落后最终的最大直径和最小直径,在这两个直径之差小于 50 mm 的情况下,用其算术平均值作为坍落扩展度值;否则,此次实验无效。

5.测定结果

(1)混凝土拌合物的和易评定,应根据实验测定值和实验目测情况综合评定。其中坍落度应至少测定两次,以测值之差不大于 20 mm 的两次测定值作为有效数据,求其算术平均值作为本次实验的测量结果(精确至 5 mm)。

(2)拌合物坍落度值若小于 10 mm,说明该拌合物过于干稠,宜采用维勃稠度试验法,若坍落度大于 160 mm,宜采用扩展度试验测其和易性。

6.混凝土拌合物和易性的评定

和易性指混凝土拌合物易于施工并具有质量均匀,成型密实的性能,包括流动性、黏聚性和保水性等 3 方面的性能。流动性是指混凝土拌合物在自重或机械振捣的作用下,具有流动性能,并能均匀密实地填满模板。黏聚性是指混凝土拌合物在施工过程中组成的材料之间有一定的黏聚力,不致产生分层或离析的现象。保水性是指混凝土拌合物在施工过程中,具有一定的保水能力,不致产生严重的泌水现象。

7. 实验操作视频(详见二维码)

8. 练习题(详见二维码)

3.3.3 混凝土拌合物的表观密度实验

混凝土拌合物捣实后的表观密度是调整混凝土混合比的重要依据。

1. 实验目的及依据

混凝土拌合物的表观密度是混凝土的重要性能指标之一,拌制每立方米混凝土所需的各种材料用量,需根据表观密度进行计算和调整。

本实验的依据是(GB/T 50080—2016)《普通混凝土拌合物性能实验方法标准》,适用于测定混凝土拌合物捣实后的单位体积质量(即表观密度)。

2. 主要仪器设备

容量筒:金属制成,外壁有提手。骨料最大公称粒径不大于 40 mm 的混凝土拌合物宜采用容积不小于 5 L 的容量桶,筒壁厚不应小于 3 mm;骨料最大公称粒径大于 40 mm 的混凝土拌合物应采用内径与高均大于最大公称粒径 4 倍的容量桶。容量桶上沿及内壁应光滑平整,顶面与底面应平行并与圆柱体的轴垂直。

台秤:称量应为 50 kg,分度值不应大于 10 g。

振动台:应符合现行行业标准(JG/J245)《混凝土试验用振动台》的规定。

捣棒:应符合现行行业标准(JG/J248)《混凝土坍落度仪》的规定。

3. 实验步骤

(1)测定容量桶的容积。将干净的容量桶与玻璃板一起称重,将容量桶装满水,缓慢将玻璃板从筒口一侧推到另一侧,容量筒内应满水且不应存有气泡,擦干容量桶外壁,再次称重,两次称重结果之差除以该温度下水的密度应为容量桶体积 V,常温下水的密度可取 1 kg/L。

(2)用湿布把容量筒内外擦干净,称出容量筒质量 m_1(精确至 10 g)。

(3)混凝土拌合物的装料与捣实。装料及捣实方法应根据拌合物的坍落度而定:坍落度不大于 90 mm 时,用振动台振实为宜;大于 90 mm 的用捣棒捣实为宜。

① 使用振动台振实时，应一次性将混凝土拌合物装入容量筒内，并高出筒口。装料时可用捣棒稍加插捣，振动过程中如混凝土沉落到低于筒口位置，应随时添加混凝土，振动至表面出浆为止。

② 使用捣棒捣实时，应根据容量筒的大小决定分层数与插捣次数。用 5 L 容量筒时，拌合物应分两层装入，每层的插捣次数应大于 25 次；用大于 5 L 容量筒时，每层混凝土的高度应不大于 100 mm，每层的插捣次数应每 1000 mm² 截面不小于 12 次。插捣操作应均匀地分布于每层截面上，插捣底层时捣棒应贯穿整个深度，插捣第 2 层时，捣棒应插透本层至下一层的表面。每一层捣完后用橡皮沿容量桶外壁敲击 5～10 次，达到振实的目的，直至混凝土拌合物表面插捣孔消失并不见大气泡为止。

③ 自密实混凝土应一次性填满，且不应进行振捣和插捣。

④ 用刮尺沿筒口刮除多余的混凝土拌合物，抹平表面，表面如有凹陷应予以填平。将容量筒外壁擦干净，称出混凝土与容量筒的总质量，记为 m_2（精确至 10 g）。

4. 实验结果及数据处理

(1) 表观密度的计算。按下式计算混凝土拌合物的表观密度(计算结果修约至 10 kg/m³)：

$$\rho = \frac{m_2 - m_1}{V} \qquad (3-33)$$

式中：ρ——混凝土拌合物的表观密度，kg/m³；

　　　m_2——容量筒及混凝土拌合物的总质量，kg；

　　　m_1——容量筒的质量，kg；

　　　V——容量筒的容积，m³。

(2) 实验结果处理。以两次实验结果的算术平均值作为测定值(精确到 10 kg/m³)，试样不得重复使用。

5. 练习题(详见二维码)

3.3.4　混凝土拌合物凝结时间实验

混凝土的凝结时间是混凝土拌合物的一项重要性能指标，是混凝土工程中混凝土的搅拌、运输以及施工环节的重要参考和指导依据。

1. 实验目的及适用范围

本实验规定了水泥混凝土拌合物凝结时间的测定方法，以及实验操作流程。

本实验适用于各通用水泥以及不同配合比水泥混凝土和坍落度不为零的水泥混凝土拌合物凝结时间的测定。

2. 仪器设备

(1) 贯入阻力仪：如图 3-15 所示，最大测量值不小于 1000 N，刻度盘分度值为 10 N。

图 3-15　混凝土贯入度仪

（2）测针：测针长约 100 mm，平面针头圆面积为 100 mm²、50 mm² 和 20 mm² 三种，在距离贯入端 25 mm 处刻有标记。

（3）砂浆试样筒：试样筒为上口径为 160 mm，下口径为 150 mm，净高 150 mm 的刚性容器，配有盖子。

（4）捣棒：捣棒的直径为 16 mm，长 650 mm，符合（JG 3021）的规定。

（5）标准筛：孔径 4.75 mm，符合（GB/T6005—1997）《实验筛、金属丝编织网、穿孔板和电成型薄板筛孔的基本尺寸》规定的金属方孔筛。

（6）其他：铁制拌合板、吸液管和玻璃片。

3. 试样制备

（1）用孔径 5 mm 的标准筛从混凝土拌合物试样中筛出砂浆，一次性装入三个试样筒中，做三个平行实验。坍落度小于 90 mm 混凝土拌合物用振动台振实；坍落度大于 90 mm 的混凝土拌合物，宜用捣棒人工捣实。用振动台振实砂浆时，振动应持续到表面出浆为止，不得过振；用捣棒人工捣实时应沿螺旋方向由外向中心均匀插捣 25 次，然后用橡皮锤轻轻敲打筒壁，直至插捣孔消失为止。振实或插捣后，砂浆表面应低于筒口约 10 mm，然后加盖。

（2）完成砂浆试样制备后进行编号，将其置于（20±2）℃的环境中待试，在此后的整个测试过程中，环境温度应始终保持（20±2）℃。进行同条件测试时，应与现场条件保持一致。在整个测试过程中，除吸取泌水或进行贯入实验外，试样筒应始终加盖。

（3）测定凝结时间应从混凝土加水开始计时，根据混凝土拌合物的特性，确定测试试验时间，以后每隔 0.5 h 测试一次，在临近初、终凝状态时可增加测试次数。

（4）在每次测试前 2 min，将一片 20 mm 厚的垫块垫入筒底一侧使其倾斜，用吸管吸去表面的泌水，吸水后将其复原。

（5）测试时，将砂浆试样筒置于贯入阻力仪上，使测针端部与砂浆表面接触，然后在（10±2）s 内均匀地使测针贯入砂浆（25±2）mm 深度，记录最大贯入阻力值，精确至 10 N，记录测试时间，精确至 1 min，记录环境温度，精确至 0.5℃。

（6）每个砂浆筒每次测 1～2 个点，各测点的间距应大于 15 mm，测点与试样筒壁的距离不应小于 25 mm。

（7）贯入阻力测试在 0.2～28 MPa 之间至少应进行 6 次测试，直至贯入阻力大于 28 MPa 为止。

（8）在测试过程中应根据砂浆凝结状况，适时更换测针，测针宜按表 3-34 中的规定选用。

表 3-34　测针选用参考

单位面积贯入阻力/MPa	0.2～3.5	3.5～20	20～28
测针面积/mm²	100	50	20

4. 结果计算

（1）贯入阻力按下式计算：

$$f_{PR} = \frac{P}{A} \tag{3-34}$$

式中：f_{PR}——贯入阻力（MPa）（精确至 0.1 MPa）；

P——贯入压力（N）；

A——测针面积，mm²。

（2）凝结时间通过线性回归法确定。

对贯入阻力和时间取自然对数 $\ln(f_{PR})$，$\ln(t)$，然后把 $\ln(f_{PR})$ 当作自变量，$\ln(t)$ 当作因变量建立线性回归方程式，见下式：

$$\ln(t) = A + B\ln(f_{PR}) \tag{3-35}$$

式中：t——单位面积贯入阻力对应的测试时间，min；

f_{PR}——贯入阻力，MPa；

A、B——线性回归系数。

根据上式，得到贯入阻力 3.5 MPa 时为初凝时间 t_s，贯入阻力 28 MPa 时为终凝时间 t_e，计算见下式：

$$t_s = e^{[A+B\ln(3.5)]} \tag{3-36}$$

$$t_e = e^{[A+B\ln(28)]} \tag{3-37}$$

式中：t_s——初凝时间，min（精确至 5 min）；

t_e——终凝时间，min（精确至 5 min）；

A、B——线性回归系数。

取三次初凝、终凝时间的算术平均值作为此次实验的初凝时间和终凝时间。如果三个测算值的最大值或最小值中，有一个与中间值之差超过中间值的 10%，以中间值为实验结果；如两个都超出 10% 时，则此次实验无效。

凝结时间也可用绘图拟合方法确定。即以贯入阻力为纵坐标，测试时间为横坐标（精确至 1 min），绘制出贯入阻力与时间之间的关系曲线，以 3.5 MPa 和 28 MPa 为纵坐标画两条平行于横坐标的直线，分别与曲线相交的两个交点的横坐标即为混凝土拌合物的初凝时间和终凝时间。

5. 练习题(详见二维码)

3.3.5　混凝土配合比设计实验

混凝土配合比是指混凝土在实验和施工过程中各组成材料的比例关系,混凝土配合比设计是混凝土施工的前提,是确保工程质量,控制工程成本的关键环节。

1. 实验目的

掌握混凝土配合比的设计方法;学会查阅文献资料,根据实验步骤完成符合要求的混凝土配合比的方案设计;掌握混凝土拌合工序,学会混凝土拌合物的性能测试方法;了解各组分对混凝土强度和耐久性的影响;了解混凝土性能的评价方法。

2. 实验原理

采用质量法或体积法进行混凝土配合比设计。

3. 主要仪器设备

(1) 混凝土拌合:混凝土搅拌机、台秤、其他用具(量筒、天平、拌铲与拌板)。

(2) 表观密度测定:容量桶、台秤、振动台。

(3) 试件制作:试模、振动台、振动棒、钢制捣棒、混凝土标准养护室。

4. 实验步骤

(1) 混凝土施工配制强度 $f_{cu,0}$ 的确定。

① 混凝土设计强度等级小于 C60 时,配制强度按下式计算:

$$f_{cu,0} \geqslant f_{cu,k} + 1.645\delta \qquad (3-38)$$

式中: $f_{cu,0}$——混凝土配制强度,MPa;

　　　$f_{cu,k}$——混凝土立方体抗压强度标准值,这里取设计强度等级值,MPa;

　　　δ——混凝土强度标准差,MPa。

　　　1.645——强度保证率系数。

② 混凝土设计强度等级大于或等于 C60 时,配制强度按下式计算:

$$f_{cu,0} \geqslant 1.15 f_{cu,k} \qquad (3-39)$$

注意:混凝土强度标准差 δ 按下列方法选择。

a. 具有近 1 个月至 3 个月的同一品种、同一强度等级混凝土的强度资料时,按下式计算:

$$\sigma = \sqrt{\dfrac{\sum_{i}^{n} f_{cu,i}^{2} - n f_{cu}^{2}}{n-1}} \qquad (3-40)$$

式中: $f_{cu,i}$——第 i 组试件的抗压强度,MPa;

　　　f_{cu}—— n 组抗压强度算术平均值,MPa。

实验强度等级大于 C30 的混凝土：σ 值不小于 3.0 MPa 时，按 3 - 40 式计算；σ 小于 3.0 MPa 时，应取 3.0 MPa。

实验强度等级大于 C30 且小于 C60 的混凝土：σ 值不小于 4.0 MPa 时，按 3 - 40 式计算；σ 小于 3.0 MPa 时，应取 4.0 MPa。

b. 没有近期的同一品种、同一强度等级混凝土强度资料时，其强度标准差按如下规定取值。

混凝土强度等级小于或等于 C20，取 4.0；混凝土强度等级在 C25～C45 之间，取 5.0；混凝土强度等级在 C50～C55 之间，取 6.0。

（2）水胶比计算。

混凝土强度等级不大于 C60 时，按下式计算：

$$\frac{W}{B}=\frac{\alpha_a \cdot f_b}{f_{cu,0}+\alpha_a \cdot \alpha_b \cdot f_b} \tag{3-41}$$

式中：W/B——水胶比；

　　　$f_{cu,0}$——砼配制强度，MPa；

　　　α_a、α_b——回归系数（与骨料的品种有关）；

　　　f_b——胶凝材料（或水泥）28d 抗压强度实测值。

① α_a、α_b 确定（按规范）。

碎石：α_a 取 0.53，α_b 取 0.20；卵石：α_a 取 0.49，α_b 取 0.13。

② f_b 确定。

当胶凝材料 28d 胶砂抗压强度值无实测值时，按下式计算

$$f_b=\gamma_f\gamma_s \cdot f_{ce} \tag{3-42}$$

式中：f_b——胶凝材料（或水泥）28d 抗压强度实测值；

　　　γ_f、γ_s——粉煤灰影响系数和高炉矿渣影响系数，按表 3 - 35 取值。

　　　f_{ce}——水泥 28d 胶砂抗压强度，可实测，也可按下式计算。

$$f_{ce}=\gamma_c \cdot f_{ce,g} \tag{3-43}$$

式中：f_{ce}——水泥 28d 胶砂抗压强度；

　　　γ_c——水泥强度等级值的富余系数，按表 3 - 36 取值；

　　　$f_{ce,g}$——水泥强度等级值。

表 3 - 35　粉煤灰、粒化高炉矿渣粉影响系数

种　类	掺　量（%）	
	粉煤灰影响系数 γ_f	粒化高炉矿渣粉影响系数 γ_s
0	1.00	1.0
10	0.85～0.95	1.0
20	0.75～0.85	0.95～1.00
30	0.65～0.75	0.90～1.00
40	0.55～0.65	0.80～0.90
50		0.70～0.85

注：① 宜采用 1 级粉煤灰，2 级粉煤灰宜取上限值。

② 采用 S_{75} 级粒化高炉矿渣粉宜取下限值，采用 S_{95} 级粒化高炉矿渣粉宜取上限值，采用 S_{105} 级粒化高炉矿渣粉宜取上限值加 0.05。

③ 当超出表中的掺量，粉煤灰和粒化高炉矿渣粉影响系数应经试验确定。

表 3-36　水泥强度等级值的富余系数

水泥强度等级	32.5	42.5	52.5
富余系数	1.12	1.16	1.10

（3）用水量和外加剂用量。

① 每立方米干硬性或塑性混凝土用水量确定。

水胶比在 0.40~0.80，按表 3-37 和表 3-38 取值；

水胶比小于 0.40，可通过实验确定。

表 3-37　干硬性混凝土用水量

维勃稠度/s	卵石最大粒径/mm			碎石最大粒径/mm		
	10.0	20.0	40.0	16.0	20.0	40.0
	干硬性混凝土用水量/(kg/m³)					
16~20	175	160	145	180	170	155
11~15	180	165	150	185	175	160
5~10	185	170	155	190	180	165

表 3-38　塑性混凝土用水量

所需坍落度/mm	卵石最大粒径/mm				碎石最大粒径/mm			
	10.0	20.0	31.5	40.0	16.0	20.0	31.5	40.0
	塑性混凝土用水量/(kg/m³)							
10~30	190	170	160	150	200	185	175	165
35~50	200	180	170	160	210	195	185	175
55~70	210	190	180	170	220	205	195	185
75~90	215	195	185	175	230	215	205	195

注：本表用水量采用中砂取值；采用细砂时，每立方米用水量可增加 5~10 kg；采用粗砂时，可减少 5~10 kg。

② 掺矿物掺合料和外加剂时，用水量可相应调整。

a. 掺外加剂时，每立方米流动性或大流动性混凝土用水量按下式计算

$$m_{w0} = m'_{w0}(1-\beta) \tag{3-44}$$

式中：m_{w0}——满足实际坍落度要求的每立方米混凝土用水量（kg/m³）；

　　　m'_{w0}——未掺外加剂时推算满足实际坍落度要求的每立方米混凝土用水量（kg/m³），以 90 mm 坍落度要求的用水量为基础，按每增大 20 mm 坍落度相应增加 5 kg/m³ 用水量计算，当坍落度增大到 180 mm 以上时，随坍落度相应增加的用水量可减少；

　　　β——外加剂的减水率（%），经混凝土实验确定。

b. 每立方米混凝土中外加剂用量，按下式计算：

$$m_{a0} = m_{b0}\beta_a \tag{3-45}$$

式中：m_{a0}——每立方米混凝土中外加剂用量，kg/m^3；

m_{b0}——每立方米混凝土中胶凝材料用量，kg/m^3；

β_a——外加剂的掺量%，（经混凝土实验确定）。

（4）胶凝材料、矿物掺合料和水泥用量。

① 每立方米混凝土胶凝材料用量m_{b0}，按下式计算：

$$m_{b0} = \frac{m_{w0}}{W/B} \tag{3-46}$$

式中：m_{b0}——每立方米混凝土中胶凝材料用量，kg/m^3；

m_{w0}——满足实际坍落度要求的每立方米混凝土用水量，kg/m^3；

W/B——水胶比。

② 每立方米混凝土矿物掺合料用量m_{f0}，按下式计算：

$$m_{f0} = m_{b0}\beta_f \tag{3-47}$$

式中：m_{f0}——每立方米混凝土中矿物掺合料用量，kg/m^3；

β_f——矿物掺合料掺量，%（可参照规范取值）。

③ 每立方米混凝土水泥用量m_{c0}按下式计算：

$$m_{c0} = m_{b0} - m_{f0} \tag{3-48}$$

式中：m_{c0}——计算配合比每立方米混凝土中水泥用量，kg/m^3。

（5）砂率β_s。

砂率β_s应根据骨料的技术指标、混凝土拌合物性能和施工要求，参考历史资料综合确定。当缺乏历史资料时，应符合下列规定：

a. 坍落度小于10 mm的混凝土，应根据经验确定；

b. 坍落度10～60 mm的混凝土按表3-39取值；

c. 坍落度大于60 mm的混凝土砂率，按表3-39数据，每增加20 mm坍落度，砂率增大1%的幅度予以调整。

表3-39 混凝土砂率

水灰比	碎石最大粒径/mm			卵石最大粒径/mm		
	16	20	40	10	20	40
	混凝土砂率/%					
0.40	30～35	29～34	27～32	26～32	25～31	24～30
0.50	33～38	32～37	30～35	30～35	29～34	28～33
0.60	36～41	35～40	33～38	33～38	32～37	31～36
0.70	39～44	38～43	36～41	36～41	35～40	34～39

注：本表砂率用于细砂或粗砂时，可相应减少或增大砂率数值；

采用人工砂配制混凝土，砂率可适当增大；

只用一个单粒级粗骨料配制混凝土时，砂率应适当增大。

（6）粗细骨料用量。

采用质量法计算粗细骨料用量，按下式计算：

$$m_{f0} + m_{c0} + m_{g0} + m_{s0} + m_{w0} = m_{cp} \quad (3-49)$$

$$\beta_s = \frac{m_{s0}}{m_{s0} + m_{g0}} \times 100\% \quad (3-50)$$

式中：m_{f0}——每立方米混凝土中矿物掺合料用量，kg/m³；

m_{c0}——每立方米混凝土中水泥用量，kg/m³；

m_{g0}——每立方米混凝土中粗骨料用量，kg/m³；

m_{s0}——每立方米混凝土中细骨料用量，kg/m³；

m_{w0}——每立方米混凝土中用水量，kg/m³；

m_{cp}——每立方米混凝土拌合物的假定质量，kg/m³（可取 2350～2450 kg/m³）。

当采用体积法计算配合比，按下式计算：

$$\frac{m_{c0}}{\rho_c} + \frac{m_{f0}}{\rho_f} + \frac{m_{g0}}{\rho_g} + \frac{m_{s0}}{\rho_s} + \frac{m_{w0}}{\rho_w} + 0.01\alpha = 1 \quad (3-51)$$

式中：ρ_c——水泥密度，kg/m³（需按 GB/T208 测定）；

ρ_f——矿物掺合料密度，kg/m³（需按 GB/T208 测定）；

ρ_g——粗骨料表观密度，kg/m³（需按 JGJ52 测定）；

ρ_s——细骨料表观密度，kg/m³（需按 JGJ52 测定）；

ρ_w——水的密度，kg/m³（可取 1000 kg/m³）；

α——混凝土的含气量百分数（在不使用引气剂时，α 可取 1）。

（7）混凝土配合比的试配、调整、确定。

① 试配。选择强制式搅拌机［满足（JG244）的要求］，搅拌方法与施工方法相同，实验室条件满足（GB/T50080）《普通混凝土拌合物性能实验方法标准》，试配最小搅拌量可根据粗骨料最大粒径选择（最大公称粒径小于等于 31.5 mm，最小搅拌量 20 L；大公称粒径为 40.0 mm，最小搅拌量 25 L），在试拌配合比的基础上，进行混凝土强度实验。强度实验至少选用 3 组不同配合比，一个为按规定计算的配合比，另两个配合比的水胶比在计算配合比的基础上增加和减少 0.05，用水量应与试拌配合比相同，砂率可分别增加和减少 1%，每个配合比至少应制作一组试件，标准养护到 28 d 或规定设计龄期。

② 调整。根据强度实验结果，绘制强度与胶水比的线性关系图或用插值法确定略大于配制强度的强度对应的胶水比；根据胶水比调整用水量 m_w 和外加剂用量 m_a；胶凝材料用量应以用水量乘以胶水比计算而得；粗骨料和细骨料用量（m_g 和 m_s）应根据用水量和胶凝材料用量进行调整。

③ 确定。调整配合比后，混凝土拌合物表观密度按下式计算：

$$\rho_{c,c} = m_f + m_c + m_g + m_s + m_w \quad (3-52)$$

混凝土配合比校正系数按下式计算：

$$\delta = \frac{\rho_{c,t}}{\rho_{c,c}} \quad (3-53)$$

式中：δ——混凝土配合比校正系数；

m_f——每立方米混凝土中矿物掺合料用量，kg/m³；

m_c——每立方米混凝土中水泥用量，kg/m³；

$\rho_{c,t}$——混凝土拌合物表观密度实测值，kg/m³；

$\rho_{c,c}$——混凝土拌合物表观密度计算值，kg/m³。

当混凝土拌合物表观密度实测值与计算值之差的绝对值不超过 2% 时，调整后的配合比不变；当二者之差超过 2%，应在配合比计算公式的每项材料用量前乘以校正系数 δ。

配合比调整后，应测定拌合物的水溶性氯离子含量，实验结果应符合规范。

有特殊要求的混凝土配合比校正系数 δ 按照规范(JGJ55)的要求具体确定。

5. 练习题(详见二维码)

3.3.6　混凝土拌合物泌水实验

混凝土拌合物泌水一般是指混凝土在运输、振捣、泵送的过程中出现粗骨料下沉，水分上浮的现象。泌水是新拌混凝土的重要性质，对混凝土工程的施工质量有重要影响。

1. 实验目的及适用范围

本实验用于测定水泥混凝土拌合物的泌水性，适用粗骨料最大粒径不大于 40 mm 的混凝土拌合物的泌水性测定。

2. 实验主要仪器设备

(1) 试样筒：容量筒容积为 5 L，并配有盖子。

(2) 电子天平：最大量程为 20 kg，感量不应大于 1 g。

(3) 量筒：容量为 10 mL、50 mL、100 mL 的量筒及吸管，分度值 1 mL，并带塞。

(4) 振动台：振动台的台面尺寸为 1 m²、0.8 m² 或 0.5 m²，振动频率 2860 次/min，振幅 0.3~0.6 mm。

(5) 捣棒，符合(JG/T248)的规定。

3. 实验步骤

(1) 用湿布湿润试样筒内壁后立即称重，记录试样筒的质量，再将混凝土拌合物试样装入试样筒。混凝土拌合物的装料及捣实方法有两种：

① 振动台振实法：混凝土拌合物坍落度不大于 90 mm 时，可用振动台振实。将试样一次性装入试样筒内，开启振动台，振动持续到表面出浆为止，避免过振，使混凝土拌合物表面低于试样筒筒口(30±3)mm，用抹刀抹平。抹平后立即计时并称量，记录试样筒与试样的总质量。

② 捣棒捣实法：混凝土拌合物坍落度大于 90 mm 时，可用捣棒捣实。混凝土拌合物应分两层装入，每层的插捣次数为 25 次，捣棒由边缘向中心均匀插捣，插捣底层时捣棒应贯穿整个深度，插捣第二层时，捣棒应插透本层至下一层的表面。每一层捣完后用橡皮锤轻轻沿容量筒外壁敲打 5~10 次，进行振实直至拌合物表面插捣孔消失并不见大气泡为止，并使混凝土拌合物表面低于试样筒筒口(30±3)mm，用抹刀抹平。抹平后立即计时并称量，记录试样筒与试样的总质量。

(2) 在吸取混凝土拌合物表面泌水的整个过程中，应使试样筒保持水平不受振动。除了吸水操作外，应始终盖好盖子，室温保持在$(20\pm2)℃$。

（3）从计时开始后 60 min 内，每隔 10 min 吸取 1 次试样表面渗出的水。60 min 后，每隔 30 min 吸 1 次水，直至不再泌水为止。为了便于吸水，每次吸水前 2 min，可将一片(35 ± 5)mm 厚的垫块垫在筒底一侧下方使其倾斜，吸水后复原。吸出的水放入量筒中，记录每次吸水的水量并计算累计吸水量，精确至 1 mL。

4. 计算与结果评定

泌水量和泌水率的计算及结果判定按下列方法进行。

泌水量按下式计算（精确至 $0.01\ ml/mm^2$）：

$$B_w = \frac{V}{A} \tag{3-54}$$

式中：B_w——单位面积混凝土拌合物的泌水量，mL/mm^2；

$\quad\quad V$——最后一次吸水后的泌水累计，mL；

$\quad\quad A$——试样外露的表面面积。

泌水量取三个试样测定值的算术平均值作为实验结果。在三个测值中的最大值或最小值中，如果有一个与中间值之差超过中间值的 15%，则以中间值为实验结果；如果最大值和最小值与中间值之差均超过中间值的 15%，则此次实验无效。

泌水率按下式计算（精确至 1%）：

$$B = \frac{V_w}{(V_0/m_0)m} \times 100 = \frac{V_w m_0}{V_0(m_1-m')} \times 100\% \tag{3-55}$$

式中：B——泌水率，%（精确至 1%）；

$\quad\quad V_w$——泌水总量，mL；

$\quad\quad m$——混凝土拌合物试样质量，g；

$\quad\quad V_0$——混凝土拌合物总用水量，mL；

$\quad\quad m_0$——混凝土拌合物总质量，g；

$\quad\quad m_1$——试样筒及试样总质量，g；

$\quad\quad m'$——试样筒质量，g。

泌水率取三个试样测定值的算术平均值作为实验结果。在三个测值中的最大值或最小值中，如果有一个与中间值之差超过中间值的 15%，则以中间值为实验结果；如果最大值和最小值与中间值之差均超过中间值的 15%，则此次实验无效。

5. 练习题（详见二维码）

3.3.7 混凝土压力泌水实验

混凝土的压力泌水性质可表明混凝土拌合物的稳定程度，同时能够反映混凝土的保水能力以及空隙情况，所以压力泌水实验也能反映混凝土拌合物的孔隙分布情况。对混凝土的泵送性具有重要影响。

1. 实验目的

了解混凝土压力泌水实验方法。

2. 主要仪器设备

压力泌水仪：如图 3-16 所示，主要部件包括压力表(最大量程 6 MPa，最小分度值不大于 0.1 MPa)、缸体[内径(125±0.02)mm，内高(200±0.2)mm]、工作活塞(公称直径 125 mm，压强 3.2 MPa)、筛网(孔径 0.315 mm)等。

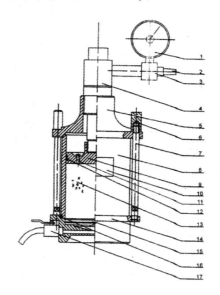

1—压力表；2—快速接头；3—三通；4—千斤顶；5—上盖；6—螺母；7—双头螺栓；8—试料桶；9—活塞；10—铭牌；11—放气螺栓；12—"0"型图；13—砼试料；14—底座；15—滤板；16—"0"型图；17—放水阀

图 3-16　压力泌水仪

捣棒：应符合现行行业标准(JG/J248)《混凝土坍落度仪》规定。

烧杯容量宜为 150 ml。

量筒容量为 200 ml。

3. 实验步骤

(1) 将混凝土拌合物分两层装入压力泌水仪的缸体容器内，每层的插捣次数为 25 次。捣棒由边缘向中心均匀地插捣，插捣底层时捣棒应贯穿整个深度，插捣第二层时，捣棒应插透本层至下一层的表面。每一层捣完后用橡皮锤轻轻沿容器外壁敲打 5~10 次，进行振实直至拌合物表面插捣孔消失并不见大气泡为止，使拌合物表面低于压力泌水仪容器口以下约(30±2)mm 处，用抹刀将表面抹平。自密实混凝土应一次性填满，且不应进行振动和插捣。

(2) 将缸体容器外表擦干净，压力泌水仪安装完毕后，应在 15 s 以内对混凝土拌合物试样施加压力至 3.2 MPa，并在 2 s 内打开泌水阀门，同时开始计时，保持恒压，泌出的水接入 150 mL 烧杯里，移至量筒中读取泌水量，加压至 10 s 时读取泌水量 V_{10}，加压至 140 s 时读取泌水量 V_{140}。

4. 结果计算

压力泌水率按下式计算(精确至1%)：

$$B_v = \frac{V_{10}}{V_{140}} \times 100\%$$ (3−56)

式中：B_v——压力泌水率，%；

$\qquad V_{10}$——加压至10 s时的泌水量，mL；

$\qquad V_{140}$——加压至140 s的泌水量，mL。

5. 练习题(详见二维码)

3.3.8　水泥混凝土含气量实验

混凝土的含气量是混凝土拌合物的重要技术指标，对混凝土的抗压强度、抗冻性能、耐磨性、热传导性、自身变形等性能具有重要影响。

1. 实验目的及意义

熟悉混凝土含气量的测定方法，了解含气量对混凝土性能的影响，指导混凝土配合比设计及质量控制。本实验方法适于骨料最大粒径不大于40 mm的混凝土拌合物含气量测定。

2. 实验设备

(1) 含气量测定仪：含气量测定仪如图3−17所示，由容器及盖体两部分组成。容器应由硬质不易被水泥浆腐蚀的金属制成，内表面粗糙度不应大于3.2 μm，内径应与深度相等，容积为7 L。盖体应用与容器相同的材料制成。盖体部分应包括有气室、水找平室、加水阀、排水阀、操作阀、进气阀、排气阀及压力表。压力表的量程为0～0.25 MPa，精度为0.01 MPa。容器及盖体之间应有密封垫圈，用螺栓连接，连接处不得存留空气，并保证密闭。

图3−17　混凝土拌合物含气量测定仪

（2）捣棒：符合（JG/T248）《混凝土坍落度仪》中相关要求的规定。由圆钢制成，表面应光滑，其直径为（16±0.1）mm，长度为（600±5）mm，且端部应呈半球体。

（3）振动台：应符合（JG/T245）《混凝土实验室用振动台》中技术要求的规定。

（4）台秤：称量 50 kg，感量不应大于 10 g。

（5）橡皮锤：应带有质量约 250 g 的橡皮锤头。

3. 含气量测定仪的容积标定与率定

（1）容器容积的标定。

① 擦净容器，将含气量测定仪全部安装好，称量含气量测定仪的总质量 m_1，称量精度为 10 g。

② 往容器内注水至上沿，然后将盖体安装好，关闭操作阀和排气阀，打开排水阀和加水阀，通过加水阀向容器内注入水。当排水阀流出的水流不含气泡时，在注水状态下，同时关闭加水阀和排水阀，再称量总质量 m_2，称量精度为 10 g。

③ 容器的容积应按下式计算：

$$V=\frac{m_2-m_1}{\rho_w}\times 1000 \tag{3-57}$$

式中：V——含气量仪的容积，L（精确到 0.01 L）；

m_1——干燥含气量测定仪仪的总质量，kg；

m_2——水、含气量测定仪仪的总质量，kg；

ρ_w——容器内水的密度，kg/L³（可取 1 kg/L）。

（2）含气量测定仪的率定。

① 按混凝土拌合物含气量的实验步骤，测得含气量为 0% 的压力值。

② 开启排气阀。压力示值器示值回零，关闭操作阀和排气阀，打开排水阀，在排水阀口处用量筒接水。用气泵缓缓地向气室内打气，当排出的水恰好是含气量测定仪体积的 1% 时，再测得含气量为 1% 时的压力值。

③ 如此继续，测量含气量分别为 2%、3%、4%、5%、6%、7%、8%、9%、10% 时的压力值。

④ 以上实验均应进行两次，各次所测压力值均应精确至 0.01 MPa。

⑤ 对以上各次实验进行检验，相对误差均应小于 0.2%，否则应重新率定。

⑥ 检验含气量为 0、1%、…、8%、9%、10%（共 11 次）的测量结果，绘制含气量与气体压力之间的关系曲线。

4. 实验步骤

（1）集料含气量的测定。

① 在测定拌和物含气量之前，应先按下列步骤测定拌和物所用集料的含气量。

按下式计算每个试样中粗、细集料的质量：

$$m_g=\frac{V}{1000}\times m_g' \tag{3-58}$$

$$m_s=\frac{V}{1000}\times m_s' \tag{3-59}$$

式中：m_g，m_s——拌合物试样中的粗、细集料质量，kg；

m_g'，m_s'——混凝土配合比中每立方米混凝土拌和物中粗、细集料质量，kg；

V——含气量测定仪容器容积，L。

② 在含气量测定仪的容器中先注入 1/3 高度的水，然后把通过 40 mm 网筛的质量为 m_g 及 m_s 的粗、细集料称好，拌匀，慢慢倒入容器。水面每升高 25 mm 左右，轻轻插捣 10 次，并略搅动，以排除夹杂的空气，在加料过程中应始终保持水面高出集料的顶面；集料全部加入后，应浸泡约 5 min，再用橡皮锤轻敲容器外壁，排净气泡，除去水面泡沫，加水至满，擦净容器上口边缘，装好密封圈，加盖拧紧螺栓。

③ 关闭操作阀和排气阀，打开排水阀和加水阀，通过加水阀向容器内注水；当排水阀流出的水流不含气泡时，在注水状态下，同时关闭加水阀和排水阀。

④ 开启进气阀，用气泵向气室内注入空气，使气室内的压力略大于 0.1 MPa，待压力表显示值稳定后，微开排气阀，调整压力至 0.1 MPa，同时关紧排气阀。

⑤ 开启操作阀，使气室里的压缩空气进入容器，待压力表显示值稳定后记录压力示值 P_{g1}，然后开启排气阀，使压力仪表示值回零。

⑥ 重复以上第④条、第⑤条操作，对容器内的试样再检测并记录压力示值 P_{g2}。

⑦ 若 P_{g1} 和 P_{g2} 的相对误差小于 0.5%，则取 P_{g1} 和 P_{g2} 的算术平均值，根据压力与含气量关系曲线（含气量测定仪的率定）查得集料的含气量（精确 0.1%）；若不满足，则应进行第三次实验，测得压力示值 P_{g3}（MPa）。当 P_{g3} 与 P_{g1}、P_{g2} 中较接近值的相对误差不大于 0.5% 时，则取此二值的算术平均值；若仍大于 0.5%，则此次实验无效，应重做。

（2）水泥混凝土拌和物含气量实验（见表 3-40）。

① 用湿布擦净容器和盖的内表面，装入混凝土拌和物试样。

② 捣实可采用手工或机械方法。当拌和物坍落度大于 90 mm 时，宜采用手工插捣；当拌和物坍落度不大于 90 mm 时，宜采用机械振捣，如振动台或插入式振捣器等。

用捣棒捣实时，应将混凝土拌和物分 3 层装入，每层捣实后高度约为 1/3 容器高度。每层装料后由边缘向中心均匀地插捣 25 次，捣棒应插透本层高度。再用木槌沿容器外壁重击 5~10 次，使插捣留下的插孔被拌和物填满，最后一层的装料应避免过满。

采用机械捣实时，一次性装入捣实后体积为容器容量的混凝土拌和物，装料时可用捣棒稍加插捣，在振实过程中如拌和物低于容器口，应随时添加，振动至混凝土表面平整、表面出浆即止，不得过度振捣。若使用插入式振动器，应避免振动器触及容器内壁和底面。

在施工现场测定混凝土拌和物含气量时，应采用与施工振动频率相同的机械方法捣实。

③ 捣实完毕后立即用刮尺刮平，表面如有凹陷应填平抹光。

如需同时测定拌和物表观密度时，可在此时称量并计算，然后在正对操作阀孔的混凝土拌和物表面贴一小片塑料薄膜，擦净容器上口边缘，装好密封垫圈，加盖并拧紧螺栓。

④ 关闭操作阀和排气阀，打开排水阀和加水阀，通过加水阀向容器内注水。当排水阀流出的水流不含气泡时，在注水的状态下，同时关闭加水阀和排水阀。

⑤ 开启进气阀，用气泵注入空气至气室内压力略大于 0.1 MPa，待压力示值仪的示值稳定后，微微开启排气阀，调整压力至 0.1 MPa，关闭排气阀。

⑥ 开启操作阀，待压力示值仪稳定后，测得压力值 P_{01}（MPa）。

⑦ 开启排气阀，压力示值仪回零；重复上述⑤至⑥的步骤，对容器内试样再测一次压

力值 P_{02}(MPa)。

⑧ 若 P_{01} 和 P_{02} 的相对误差小于 0.5%，则取 P_{01}、P_{02} 的算术平均值，根据压力与含气量关系曲线查得含气量 A_0(精确至 0.1%)；若不满足，则应进行第三次实验，测得压力值 P_{03}(MPa)。当 P_{03} 与 P_{01}、P_{02} 中较接近值的相对误差不大于 0.5% 时，则取此二值的算术平均值查得 A_0；若仍大于 0.5%，此次实验无效。

5. 实验结果及计算

混凝土拌和物含气量应按下式计算：

$$A = A_0 - A_g \qquad (3-60)$$

式中：A——混凝土拌和物含气量，%；

　　　A_0——混凝土拌合物未校正的两次含气量测定的平均值，%；

　　　A_g——集料含气量，%(计算精确至 0.1%)。

表 3-40　水泥混凝土拌和物含气量实验记录表

压力值/MPa			集料	拌和物测定含气量 A_1/%	拌和物含气量 A/%	备注
测定次数	集料 P_g	拌和物 P_0				
①	②	③	④	⑤	⑥	⑦
1						
2						
3						
平均值						
含气量标定			含气量与压力值关系曲线			
含气量/%	平均压力值/MPa					
⑧	⑨					
0						
1						
2						
3						
4						
5						
6						
7						
8						
9						
10						
结论：						

（含气量与压力值关系曲线图，纵轴：压力值/MPa，横轴：含气量/%）

6. 练习题(详见二维码)

3.4　砂浆实验

3.4.1　概述

建筑砂浆的组成材料与普通混凝土相比,区别在于建筑砂浆中没有粗骨料,因此建筑砂浆也称为特殊混凝土。建筑砂浆主要应用于砌筑、抹面、修补和装饰等土建工程项目。砌筑砂浆是砌体的组成部分之一,在砌体工程中起着黏结砌块、传递荷载、找平等作用。本章主要介绍以水泥、砂、石灰为主要材料配制的砌筑砂浆的质量要求和实验方法,实验项目有砂浆的稠度、表观密度、分层度、立方体抗压强度等。

砌筑砂浆的技术性能主要体现在三个方面:新拌砂浆应具有良好的和易性,以便用于砌筑工程的施工;硬化后的砂浆应具有较高的强度和黏结力,以提升砌块和砂浆的黏结和承载性能;砂浆应具有良好的耐久性,以便提高砌体的使用寿命。

1. 砂浆的和易性

砂浆的和易性定义与混凝土拌合物和易性的定义相同,指新拌砂浆易于进行拌合、运输、浇灌、振实、成型等各项施工操作,并能获得质量均匀、成型密实的性能。但砂浆和易性涉及的内容与混凝土拌合物不同,只涉及流动性和保水性两方面的性能。

砂浆的流动性是指砂浆在自重或外力作用下能够流动的性能。砂浆的流动性主要取决于胶凝材料的种类、用量、用水量、砂的种类与质量、搅拌时间、环境条件等因素。在实验室中,可用砂浆稠度仪测定砂浆的稠度值,用以评价、控制砂浆的流动性。在实际工程中,可根据经验对砂浆的流动性进行评价和控制。选用要求见表3-41。

表 3-41　建筑砂浆的流动性选择　　　　　　　　　　　单位:mm

砌体种类	干燥气候	寒冷气候	抹灰工程	机械施工	手工操作
烧结砖砌体	80~90	70~80	准备层	80~90	110~120
石砌体	40~50	30~40	底层	70~80	70~80
混凝土空心砌块	60~70	50~60	面层	70~80	90~100
轻骨料混凝土砌块	70~90	60~80	石膏浆面层	—	90~120

砂浆的保水性是指砂浆保存水分的能力。砂浆的保水性主要取决于胶凝材料的种类及用量、砂的种类与质量、外加剂的种类及掺量等因素。保水性良好的砂浆可保证获得均匀致密的砂浆缝和硬化所需的水分,确保砌体工程的质量。砂浆的保水性用分层度评定,一般情况下砂浆分层度取10~20 mm。如果分层度大于30 mm,保水性差,容易离析,不能保证工程质量;如果分层度接近于零,则保水性太强,砂浆在硬化过程中容易收缩发生干

裂情况，也难以保证工程质量。

2. 砂浆的强度

与混凝土相比，砂浆的强度要求并不高，因为砂浆在砌体工程中应具备一定的传力功能，所以建筑工程对砂浆有一定的强度要求。影响砂浆强度的因素较多，除了水灰比、水泥强度、水泥用量等因素外，还与砌筑基面的吸水性有关。砂浆的强度是根据边长为 70.7 mm 的立方体试件，在标准条件下养护 28 d 的抗压强度平均值确定的，强度分为 M2.5、M5、M7.5、M10、M15、M20 六个等级。

3. 砂浆的耐久性

砂浆主要用于砌筑、抹面、修补等工程项目，因此砂浆的耐久性在一定程度上决定砌体工程的耐久性。耐久性是一个综合性指标，在实际工程中主要体现为抗冻性，所以砂浆的耐久性主要以抗冻性能作为评价指标，规定砂浆在冻融实验后质量损失不得大于 5%，抗压强度损失不得大于 25%。

4. 取样及试样制备

（1）取样。

建筑砂浆实验用料应从同一盘砂浆或同一车砂浆中取样，取样量不应少于实验所需量的 4 倍。对于施工过程中的砂浆实验，砂浆取样方法应根据相应的施工验收规范执行，宜在现场搅拌点或砂浆预拌卸料点的至少 3 个不同部位取样。现场取得的试样在实验前应人工搅拌均匀，从取样完毕到开始进行各项性能实验，不宜超过 15 min。

（2）试样的制备。

在实验室制备砂浆试样时，所用材料应提前 24 h 运入室内。拌合时，实验室的温度应保持在（20±5）℃。当需要模拟施工条件时，所用原材料的温度宜与施工现场保持一致。实验所用原材料应与现场使用材料一致，砂应通过 4.75 mm 筛。在实验室拌制砂浆时，材料用量应以质量计，水泥、外加剂、掺合料等的称量精度应为 ±0.5%，细骨料的称量精度应为 ±1%。在实验室搅拌砂浆时应采用机械搅拌方式，搅拌机应符合现行行业标准（JG/T3033）《实验用砂浆搅拌机》的规定，搅拌用量宜为搅拌机容量的 30%~70%，搅拌时间不应少于 120 s。掺有掺合料和外加剂的砂浆，其搅拌时间不应少于 180 s。

3.4.2 砂浆稠度实验

砂浆的稠度亦称流动性，用沉入度表示。沉入度越大，流动性越好。本方法适用于确定配合比或施工过程中控制砂浆的稠度测定，以达到控制用水量的目的。

1. 实验目的及意义

掌握砂浆稠度的测定方法，能够确定砂浆配合比或在施工过程中控制砂浆的稠度，以达到控制用水量的目的。

2. 实验原理

在规定时间内测定的砂浆下沉深度即为砂浆的稠度。

3. 主要仪器设备

（1）砂浆稠度仪：主要由试锥、容器和支座三部分组成（见图 3-18）。试锥应由钢材或

铜材制成，试锥高度应为 145 mm，锥底直径应为 75 mm，试锥连同滑杆的质量应为(300
±2)g；盛浆容器应由钢板制成，筒高应为 180 mm，锥底内径应为 150 mm；支座应包括底
座、支架及刻度显示三个部分，应由铸铁、钢或其他金属制成。

(2) 钢制捣棒：捣棒直径为 10 mm，长 350 mm，端部应磨圆。

(3) 磅秤：称量 50 kg，精度 50 g。

(4) 台秤：称量 10 kg，精度 5 g。

(5) 铁板：拌合用，面积约 1.5 m×2 m，厚约 3 mm。

(6) 砂浆搅拌机(见图 3-19)、拌铲、量筒、盛器、秒表等。

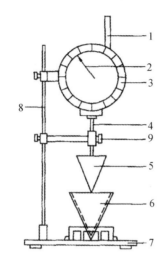

1—齿条测杆；2—指针；3—刻度盘；4—测杆；5—试锥；
6—盛浆容器；7—底座；8—支架；9—制动螺栓

图 3-18 砂浆稠度测定仪　　　　　　　图 3-19 砂浆搅拌机

4. 实验步骤

(1) 从砂浆搅拌机中取出砂浆拌合物后应及时进行实验，实验前要经人工翻拌，以保
证其质量均匀。

(2) 用湿布擦干净盛浆容器和试锥表面，并用少量润滑油轻擦滑杆，再将滑杆上多余
的油用吸油纸吸净，使滑杆能自由滑动。

(3) 将砂浆拌合物一次性装入容器，使砂浆表面低于容器口约 10 mm 左右，用捣棒自
容器中心向边缘插捣 25 次。然后轻轻摇动容器或敲击 5～6 下，使砂浆表面平整，随后将
容器置于稠度测定仪的底座上。

(4) 拧开试锥滑杆的制动螺栓，向下移动滑杆。当试锥尖端与砂浆表面刚接触时，拧
紧制动螺栓，使齿条测杆下端刚好接触滑杆上端，并将指针对准零点。

(5) 拧开制动螺栓的同时计时，待 10 s 时立即固定螺栓，使齿条测杆下端接触滑杆上
端，从刻度上读出的下沉深度即为砂浆的稠度值(精确至 1 mm)。

注：圆锥容器内的砂浆，只允许测定 1 次稠度，重复测定应重新取样。

5. 结果判定

同盘砂浆应取两次测试结果的算术平均值作为砂浆的稠度值，并精确至 1 mm；若两次测试值之差大于 10 mm，应另取砂浆搅拌后重新测定。

6. 练习题(详见二维码)

3.4.3　砂浆的分层度测定实验

砂浆分层度是表征砂浆保水性能即保存水分能力的指标量度。分层度越大说明保水性越差。如果砂浆的保水性能不良，在运输、静置、砌筑过程中就会产生离析、泌水现象，不仅会增加施工的难度，还会降低成品的强度。

1. 实验目的及意义

掌握砂浆分层度的测定方法，本方法适用于测定砂浆拌合物的分层度，以确定在运输及停放时砂浆拌合物的稳定性。分层度的测定可分为标准法和快速法，当发生争议时，应以标准法测定结果为准。

2. 实验原理

砂浆在 30 min 前后的稠度差为砂浆的分层度。

3. 主要仪器设备

(1) 砂浆分层度筒：见图 3 - 20，内径为 150 mm，上节高度为 200 mm，下节(带底)净高为 100 mm，用金属板制成，上、下层连接处需加宽到 3~5 mm，并有橡胶垫圈。

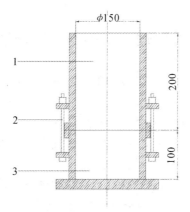

1—无底圆筒；2—连接螺栓；3—有底圆筒

图 3 - 20　砂浆分层度测定仪

(2) 水泥胶砂振动台：见图 3 - 21，振幅(0.5±0.05)mm，频率(50±3)Hz。

(3) 砂浆稠度仪、木槌等。

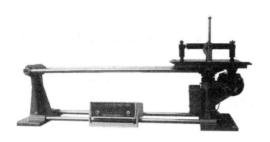

图 3-21　水泥胶砂振动台

4. 实验步骤(标准法)

(1) 首先按稠度实验方法测定砂浆拌合物稠度。

(2) 将砂浆拌合物一次性装入分层度筒内,装满后用木槌在容器周围距离大致相等的四个不同地方轻轻敲击 1~2 下,如砂浆下沉低于筒口位置,应随时增加砂浆,然后刮去多余的砂浆并用抹刀抹平。

(3) 静置 30 min 后,去掉上部 200 mm 砂浆,倒出剩余的 100 mm 砂浆,放在拌合锅内拌 2 min,再按稠度实验方法测定其稠度。前后测得的稠度之差即为该砂浆的分层度(单位为 mm)。

砂浆的分层度也可使用快速法测定:先按砂浆稠度实验方法测定其稠度。再将分层度筒固定在振动台上,砂浆一次性装入分层度筒内,振动 20 s。去掉上部 200 mm 砂浆,将剩余 100 mm 砂浆倒出放在拌合锅内拌 2 min,再按稠度实验方法测定其稠度。前后测得的砂浆稠度之差即为该砂浆的分层度。有争议时以标准法测定的结果为准。

5. 结果判定

取两次测定结果的算术平均值作为该砂浆的分层度,精确至 1 mm。两次分层度实验结果之差如果大于 10 mm,应重新取样测定。

6. 实验操作视频(详见二维码)

7. 练习题(详见二维码)

3.4.4　砂浆表观密度测定

砂浆的表现密度指砂浆拌合物捣实后的单位体积质量,用以确定每立方米砂浆拌合物中各组成材料的实际用量。

1. 实验目的及意义

掌握捣实后砂浆表观密度的测定方法，为砂浆配合比设计和施工质量控制提供依据。

2. 实验主要仪器设备

(1) 水泥胶砂振动台、砂浆稠度仪。

(2) 容量筒：由金属制成，内径 108 mm，净高 109 mm，筒壁厚 2～5 mm，容积为 1 L。

(3) 天平：称量 5 kg，感量 5 g。

(4) 铁棒：直径 10 mm，长 350 mm，端部应磨圆。

(5) 砂浆密度测定仪（见图 3-22）。

(6) 振动台：振幅应为(0.5±0.05)mm，频率应为(50±3)Hz。

(7) 秒表。

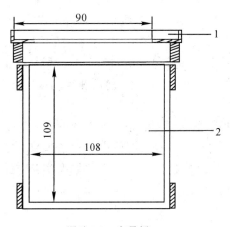

1—漏斗；2—容量桶

图 3-22　砂浆密度测定仪立面图

3. 实验步骤

(1) 按稠度实验方法测定拌好的砂浆稠度，当砂浆稠度大于 50 mm 时，使用人工插捣法振实；当砂浆稠度不大于 50 mm 时，宜使用机械振动法振实。

(2) 先使用湿布擦净容量筒的内表面，再称量容量筒(m_1)，精确至 5 g。然后把容量筒的漏斗套上，将砂浆拌合物装满容量筒并略有富余。采用插捣法时，将砂浆拌合物一次性装满容量筒，用捣棒均匀捣 25 次，插捣过程中如砂浆沉落低于筒口，应随时增加砂浆，再敲击 5～6 次。采用振动法时，将砂浆拌合物一次性装满容量筒，连同漏斗一起在振动台上振 10 s，振动过程中如砂浆沉落低于筒口，应随时增加砂浆。

(3) 捣实后将筒口多余的砂浆拌合物刮去，使表面平整，然后将容量筒外壁擦净，称出砂浆与容量筒总重(m_2)，精确至 5 g。

4. 计算与结果评定

砂浆拌合物的质量密度按下式计算（精确至 10 kg/m³）：

$$\rho = \frac{m_2 - m_1}{V} \qquad\qquad (3-61)$$

式中：ρ——砂浆拌合物的表观密度，kg/m³；

　　　m_1——容量筒质量，kg；

　　　m_2——容量筒及试样质量，kg；

　　　V——容量筒容积，L。

砂浆的表观密度以两次实验结果的算术平均值作为测试结果。

5. 注意事项

容量筒的容积校正可按下列步骤进行：

(1) 选择一块能覆盖住容量筒顶面的玻璃板，称出玻璃板和容量筒质量。

(2) 向容量筒中灌入温度为(20 ± 5)℃的饮用水，当接近上口时，一边不断加水，一边把玻璃板沿筒口徐徐推入盖严，玻璃板下不得有气泡。

(3) 擦净玻璃板面及筒壁外的水分，称量容量筒、水和玻璃板质量（精确至 5 g），两次质量之差（以 kg 计）即为容量筒的容积（L）。

6. 练习题（详见二维码）

3.4.5　砌筑砂浆抗压强度实验

砌筑砂浆在工程中使用量较大，主要起着传力、找平、黏结的作用，砌筑砂浆的抗压强度对砌筑墙体的质量有重要的影响。

1. 实验目的及意义

掌握砂浆抗压强度的测定方法，评定砂浆的强度等级。

2. 取样和试件要求

(1) 砌筑砂浆强度试件按同一强度等级、同一配合比、同种原材料、每一楼层（基础砌体可按一个楼层计）或 250 m³ 砌体为一组试块。地面砂浆，按每一层地面或 1000 m² 取一组，不足 1000 m² 按 1000 m² 计。每组六个试件。

(2) 每一楼层制作的砌筑砂浆抗压试件不少于两组。当砂浆强度等级或配合比发生变动时，应另做实验。每一取样单位还应制作同条件养护试块，数量不少于一组。

(3) 每组试块的试样必须取自同次拌制的砌筑砂浆拌合物。施工中试件应取自砂浆槽、砂浆运送车或搅拌机出料口，至少从三个不同部位抽取，数量应多于实验用料的 1~2 倍。在实验室进行拌制砂浆实验所用材料应与现场材料一致，搅拌可选用机械或人工方式拌合，用搅拌机搅拌时，搅拌量不应少于搅拌机容量的 20％，搅拌时间不应少于 2 min。

3. 主要仪器设备

(1) 试模：铸铁或具有足够刚度，拆装方便的塑料（见图 3 - 23），几何尺寸为 70.7 mm×70.7 mm×70.7 mm 的立方体。试模的内表面应进行机械加工，不平度为每 100 mm 不超过 0.05 mm，组装后各相邻面的不垂直度不超过±0.5。

图 3-23　三联砂浆试模

（2）捣棒：捣棒为直径 10 mm，长 350 mm，端部磨圆的钢棒。

（3）压力实验机：测力范围 0～1500 kN，精度应为 1%，量程应为能使试件破坏的荷载值不小于全量程的 20%，且不大于全量程的 80%。

（4）垫板：在实验机的上、下压板及试件之间可垫钢垫板，垫板尺寸应大于试件的承压面，其不平度应为每 100 mm 不超过 0.02 mm。

（5）振动台：空载台面的垂直振幅应为（0.5±0.05）mm，空载频率应为（50±3）Hz，空载台面振幅均匀度不应大于 10%，一次实验应至少能固定 3 个试模。

4. 试件制作与养护

（1）使用立方体试件，每组试件应为 3 个。

（2）使用黄油等密封材料涂抹试模的外接缝，试模内应涂刷薄层机油或隔离剂。将拌制好的砂浆一次性装满砂浆试模，成型方法应根据稠度确定。当稠度大于 50 mm 时，宜采用人工插捣成型；当稠度不大于 50 mm 时，宜采用振动台振实成型。

① 人工插捣：应使用捣棒均匀地由边缘向中心按螺旋方式插捣 25 次，若在插捣过程中砂浆沉落低于试模口，应随时添加砂浆，可用油灰刀插捣数次，并用手将试模的一边抬高 5～10 mm 振动 5 次，砂浆应高出试模顶面 6～8 mm。

② 机械振动：将砂浆一次性装满试模，放置到振动台上，振动时试模不得跳动，振动 5～10 s 或持续到表面泛浆为止，不得过振。

（3）待表面水分稍干后，再将高出试模部分的砂浆沿试模顶面刮去并抹平。

（4）试件制作后应在温度为（20±5）℃的环境下静置（24±2）h，对试件进行编号、拆模操作。当气温较低时，或者砂浆凝结时间大于 24 h，可适当延长静置时间，但不应超过 2 d。试件拆模后应立即放入温度为（20±2）℃，相对湿度为 90% 以上的标准养护室养护。养护期间，试件彼此的间隔不得小于 10 mm，混合砂浆、湿拌砂浆试件上面应有覆盖物，防止水滴滴在试件上。

（5）从搅拌加水开始计时，标准养护龄期应为 28 d，也可根据相关标准要求增加 7 d 或 14 d。

5. 实验步骤

（1）将试件从标准养护室取出并擦净表面，测量其尺寸，精确至 1 mm，据此计算试件承压面积。如实测尺寸与公称尺寸之差不超过 1 mm，可按公称尺寸计算承压面积，并检查外观。

（2）将试件安放在实验机的下压板或下垫板上，试件的承压面应与成型时的顶面垂直，试件中心应与实验机下压板或下垫板中心对准。开动实验机，当上压板与试件或上垫板接近时，调整球座，使接触面均衡受压。承压实验应连续而均匀地加荷，加荷速率应为 $0.25\sim1.5$ kN/s，砂浆强度不大于 2.5 MPa 时，宜取下限。当试件接近破坏状态开始迅速变形时，调整实验机油门，直至试件破坏，然后记录破坏荷载。

6. 计算与结果判定

砂浆立方体抗压强度按下式计算(精确至 0.1 MPa)：

$$f_{m,cu}=K\frac{N_u}{A} \tag{3-62}$$

式中：$f_{m,cu}$——立方体抗压强度，MPa(精确至 0.1 MPa)；

　　　N_u——破坏荷载，N；

　　　K——换算系数，取 1.35；

　　　A——试件的受压面积，mm^2。

立方体抗压强度实验的结果判定：

(1) 以三个试件测定值的算术平均值作为该组试件的砂浆立方体抗压强度平均值(f_2)，精确至 0.1 MPa。

(2) 当三个测定值的最大值或最小值中有一个与中间值的差值超过中间值的 15% 时，应取中间值作为该组试件的抗压强度值。

(3) 当两个测定值与中间值的差值均超过中间值的 15% 时，该组实验结果应判定为无效。

7. 注意事项

在试件加荷过程中，若发生停电或设备故障情况，此时所施加荷载远未达到破坏荷载时，可卸下荷载，记下加荷值，保存试件，待恢复正常后继续实验(但不能超过规定的龄期)；如果施加荷载已接近破坏荷载，则试件作废，测定结果无效；如果施加荷载已达到或超过破坏荷载(试件破裂，度盘已退针)，则检测结果有效。

8. 练习题(详见二维码)

3.4.6　贯入法检测砌筑砂浆抗压强度

砌筑砂浆作为砌体结构的关键材料，其抗压强度是表征砌体结构的可靠和安全性能的重要指标。贯入法是利用贯入深度推定砌筑砂浆抗压强度的检测方法，该方法属于无损原位检测法，操作便捷，对控制砌体工程的质量有重要意义。

1. 实验目的及适用性

掌握砂浆抗压强度的测定方法，评定砂浆的强度等级。本方法适用于砌体工程中砌筑砂浆抗压强度的现场检测，不适用于遭受高温、冻寒、化学侵蚀、火灾等表面损伤的砂浆检测以及冻结法施工的砂浆在强度回升阶段的检测。

2. 实验原理

采用贯入仪压缩工作弹簧加荷，将测钉贯入砂浆中，根据测钉贯入砂浆的深度和砂浆抗压强度的关系确定砂浆抗压强度。

3. 主要仪器设备

(1) 贯入式砂浆强度检测仪(图 3 - 24)：贯入力(800 ± 8)N，工作行程(20 ± 0.10)mm，使用环境温度$(-4\sim40)$℃。

图 3 - 24 贯入式砂浆强度检测仪

(2) 贯入深度测量表：最大量程 (20 ± 0.02)mm，分度值 0.01 mm。

(3) 测钉：长度(40 ± 0.10)mm，直径(3.5 ± 0.05)mm，尖端锥度(45 ± 0.5)°，测钉量规的量规槽长度为(39.5 ± 0.10)mm。

4. 使用条件

(1) 砂浆应自然养护，龄期为 28 d 或 28 d 以上，自然风干状态，强度大约在 0.4～16.0 MPa。

(2) 测试前应收集相关资料，如建设单位、设计单位、监理单位、施工单位和委托单位名称，工程名称、结构类型、相关图纸，原材料实验资料、砂浆品种、设计强度等级和配合比，砌筑日期、施工及养护情况、检测原因等。

5. 构件选择与测点布置

(1) 检测砌筑砂浆抗压强度时，应以面积不大于 25 m² 的砌体构件或构筑物作为一个检测构件。

(2) 按批抽样检测时，应取龄期相近的同楼层、同品种、同强度等级，且不大于 250 m³ 砌体为一批。抽检数量不少于砌体总构件数的 30%，且不少于 6 个构件。基础按一个楼层计。

(3) 被测灰缝应饱满，厚度不小于 7 mm，应避免选择竖缝、门窗洞口、后砌洞口和预埋件的边缘。

(4) 多孔砖砌体和空斗墙砌体的水平灰缝深度应大于 30 mm。

(5) 检测范围内的饰面层、粉刷层、勾缝砂浆以及表面损伤层等，应清除干净，暴露待测灰缝砂浆并打磨平整后再检测。

(6) 每构件测试 16 点，测点应均匀地分布在构件的水平灰缝上，测点间的水平距离不宜小于 240 mm，每条灰缝不宜多于 2 个测点。

6. 实验步骤

(1) 将测钉插入贯入杆的测钉座中，测钉尖端朝外，固定好测钉。用摇柄旋紧螺母直至挂勺挂上为止，然后将螺母退至贯入杆顶端。

（2）将贯入仪扁头对准灰缝钉座中间，并垂直贴在被测砌体的灰缝砂浆表面，握住贯入仪把手，扳动扳机，将测钉贯入被测砂浆。

（3）测量贯入深度。将测钉拔出，用吹风器将测孔中的粉尘吹干净。把贯入深度测量表扁头对准灰缝，同时将测头插入测孔中，保持测量表与被测灰缝砂浆表面垂直。从表盘中直接读取测量显示值 d'_i（若直接读数不方便，可锁紧螺钉锁定测头，然后取下贯入深度测量表再读数），并做好记录。贯入深度按下式计算：

$$d_i = 20.00 - d'_i \qquad (3-63)$$

若砌体灰缝经打磨仍难以达到平整要求，可在测点处标记，贯入检测前用贯入深度测量表测读测点处的砂浆表面不平整度，读数 d^0_i，然后再在测点处进行贯入检测，读数 d'_i，贯入深度按下式计算：

$$d_i = d^0_i - d'_i \qquad (3-64)$$

式中：d_i——第 i 个测点贯入深度值，mm（精确至 0.01 mm）；

　　　　d'_i——第 i 个测点贯入深度测量表读数，mm（精确到 0.01 mm）；

　　　　d^0_i——第 i 个测点贯入深度测量表的不平整度读数，mm（精确至 0.01 mm）。

7. 注意事项

（1）每次实验前应清除测钉上附着的水泥灰渣等杂物，同时用测钉量规检验测钉的长度。若测钉能够通过测钉量规槽，应重新选用新的测钉。

（2）在操作过程中，若测点处的灰缝砂浆不完整，该测点应作废，另选测点补测。

8. 计算与结果判定

（1）在检测数值中，剔除 16 个贯入深度检测值中的 3 个较大值和 3 个较小值，取剩余的 10 个贯入深度检测值的算术平均值，按下式计算：

$$m_{di} = \frac{1}{10} \sum_{i=1}^{10} d_i \qquad (3-65)$$

式中：m_{di}——构件贯入深度平均值。

（2）根据计算所得的构件贯入深度平均值 m_{di} 和不同砂浆品种，由《贯入法检测砌筑砂浆抗压强度技术规程》附表中查得砂浆抗压强度换算值 $f^c_{2,j}$。

9. 练习题（详见二维码）

3.5　混凝土力学性能检测

3.5.1　概述

强度是混凝土最重要的技术指标，混凝土的强度与混凝土的其他性能关系密切，混凝土强度也是工程施工中控制和评定混凝土质量的主要指标。混凝土是由多集料配置而成的人造土木工程材料，有很多不确定性能影响因素，因此，混凝土进行强度实验是客观评价混凝土力学性能的重要方法。本章主要介绍混凝土抗压强度、抗折强度、劈裂抗拉强度以及弹性模量的实验原理与实验方法。

1. 实验项目与试件尺寸

（1）抗压强度和劈裂抗拉强度的标准试件是 150 mm×150 mm×150 mm 的立方体试件，也可以用 100 mm×100 mm×100 mm、200 mm×200 mm×200 mm 的立方体作为非标准试件，特殊情况下可采用 ϕ150 mm×300 mm 的圆柱体标准试件，或 ϕ100 mm×200 mm、ϕ200 mm×400 mm 的圆柱体非标准试件。当试件最小截面尺寸为 100 mm×100 mm 时，劈裂抗拉强度实验的骨料最大粒径为 19.0 mm，在其他实验中可为 31.5 mm；当试件最小截面尺寸为 150 mm×150 mm 时，实验的骨料最大粒径为 37.5 mm。

（2）抗折强度的标准试件为 150 mm×150 mm×600 mm(或 550 mm)的棱柱体，非标准试件可采用 100 mm×100 mm×400 mm 的棱柱体。

试件承压面的平面度公差不得超过 0.0005d（d 为试件边长）；试件的相邻面间夹角应为 90°，其公差不得超过 0.5°；试件各边长、直径和高的尺寸公差不得超过 1 mm。

2. 试件制作及养护

（1）混凝土力学性能实验试块一般以 3 个为一组。每组所用的混凝土拌合物来源应相同。

（2）试模。应符合现行行业标准(JG237)《混凝土试模》规定，当混凝土等级不低于 C60 时，宜选用铸铁或铸钢试模成型。试模组装后内部尺寸误差不应大于公称尺寸的±0.2%，且不应超过±1 mm。试模组装后其相邻侧面和各侧面与地板上表面之间的夹角应为直角，直角误差不应超过±0.3°。试模平面度误差每 100 mm 不应大于 0.04 mm。

（3）应保证试模内表面光滑平整。制作试件前，试模内表面应涂一薄层矿物油或其他不与混凝土发生反应的隔离剂，试模内壁隔离剂应均匀分布，不应有明显沉积现象。

（4）混凝土取样或实验室拌制的混凝土应在拌制后尽量短的时间内成型，一般不宜超过 15 min。

（5）混凝土拌合物坍落度不大于 90 mm 时，宜用振动法捣实。使用振动台振实试件时，将混凝土拌合物一次性装入试模，装料时应用抹刀沿各试模壁插捣，并使混凝土拌合物高出试模上。振动时试模不得有任何跳动，振动应持续到表面出浆且无明显大气泡溢出为止，不得过振。

（6）混凝土拌合物坍落度大于 90 mm 宜用捣棒人工捣实。用人工插捣法制作试件，混凝土拌合物应分两层装入模内，每层的装料厚度大致相等，插捣按螺旋方向从边缘向中心均匀进行。在插捣底层混凝土时，捣棒应达到试模底部；插捣上层时，捣棒应贯穿上层且插到下层 20～30 mm。插捣时捣棒应保持垂直，不得倾斜。然后应用抹刀沿试模内壁插拔数次，插捣后应用橡皮锤轻轻敲击试模四周，直至插捣棒留下的空洞消失为止。

（7）自密实混凝土应分两次装入试模，每层的装料厚度宜相等，中间间隔 10 s，混凝土应高出试模口，不应使用振动台、人工插捣等方法成型。

（8）干硬性混凝土成型。混凝土拌合后，倒在不吸水的底板上，采用四分法取样并装入铸铁或铸钢试模。具体方法见《混凝土物理力学性能实验方法》4.3.3 的相关规定。

（9）进行混凝土材料相关性能实验时，试件应采用标准法养护。试件成型后应立即用不透水的薄膜覆盖表面，在温度为(20±5)℃，相对湿度大于 50％的室内静置 1～2 d，然后编号、拆模。拆模后应立即放入温度为(20±2)℃，相对湿度为 95％以上的标准养护室中养护，或在温度为(20±2)℃不流动的 Ca(OH)$_2$饱和溶液中养护。标准养护室内的试件应放在支架上，彼此间隔 10～20 mm，试件表面应保持潮湿，并不得被水直接冲淋。

（10）试件养护龄期可分为 1 d、3 d、7 d、28 d、56 d(或 60 d)、84 d(或 90 d)、180 d 等，也可根据设计或需要确定龄期。龄期从搅拌加水开始计时，养护龄期允许存在偏差，具体为：1 d±30 min、3 d±2 h、7 d±6 h、28 d±20 h、56 d±24 h、60 d±24 h、84 d±48 h、90 d±48 h、180 d±48 h。

（11）也可以根据需要使用构件同条件养护法。同条件养护试件的拆模可与实际构件的拆模方式相同，拆模后，试件仍需进行同条件养护。

3.5.2　混凝土立方体抗压强度实验

强度是混凝土最重要的技术指标，混凝土的强度与其他性能关系密切，同时也是工程施工中控制和评定混凝土质量的主要依据。在结构工程中混凝土主要用于承受压力，因此混凝土抗压强度的测定是混凝土最基本也是最主要的力学性能实验。

混凝土立方体抗压强度实验应使用 150 mm×150 mm×150 mm 的立方体标准试件，其实验结果可作为混凝土强度等级划分的主要依据。

1. 实验目的

学会抗压强度的测定方法，确定混凝土强度等级，为确定和校核混凝土配合比和控制施工质量提供依据。

2. 实验原理

对 150 mm 的标准立方体试件进行标准养护，在标准实验条件下测定单位面积所承受的最大压力。

3. 检测仪器设备

压力机或万能实验机：试件破坏荷载应大于压力机全量程的 20％，且宜小于压力机全量程的 80％；示值相对误差±1％；压力机应具有加荷速率指示装置或加荷速率控制装置，并应能均匀、连续地加荷；实验机上下承压板公差不应大于 0.04 mm，平行度公差不应大于 0.05 mm；表面硬度不应小于 55 HRC；板面应光滑、平整；球座应转动灵活；球座应置于试件顶面，且凸面朝上。实验机应定期检测，具有有效期内的计量检定证书。

当混凝土强度等级大于 C60 时，试件周围应当设置防崩裂网罩。

4. 检测步骤

（1）从养护地点取出试件后应将试件表面擦拭干净，并及时进行实验。

（2）将试件安放在实验机的下压板或垫板上，将试件成型时的侧面作为承压面。试件的中心应与实验机的下压板中心对准。启动实验机，当上压板与试件或钢垫板接近时，调整球座，确保接触均匀。

（3）在实验过程中应连续均匀地加荷，加荷速率为(0.3～1.0)MPa/s。当混凝土强度等级低于(小于)C30 时,加荷速率为(0.3~0.5)MPa/s;当混凝土强度等级高于(大于)或等于 C30 且低于(小于)C60 时,取每秒 0.5~0.8 MPa;当混凝土强度等级高于(大于)或等于 C60 时,取每秒(0.8~1.0)MPa;

(4)若手动控制压力机加荷速率,当试件接近破坏状态开始急剧变形时,应停止实验并调整机油门,直至破坏。记录破坏荷载。

5. 计算与结果

混凝土立方体抗压强度按下式计算:

$$f_{cc} = \frac{F}{A} \tag{3-66}$$

式中:f_{cc}——混凝土立方体试件抗压强度,MPa(精确到 0.1 MPa);

　　　F——试件破坏荷载,N;

　　　A——试件承压面积,mm^2。

取三个试件测定值的算术平均值作为该组试件的强度值,应精确至 0.1 MPa。当三个测定值中的最大值或最小值中有一个与中间值的差值超过中间值的 15% 时,应把最大及最小值剔除,取中间值作为该组试件的抗压强度;当最大值和最小值与中间值的差值均超过中间值的 15% 时,该组试件的实验结果无效。

上述强度值的判定是基于标准试件制定的,非标准试件测得的强度值均应乘以尺寸换算系数:

(1)当混凝土强度等级小于 C60 时,200 mm×200 mm×200 mm 试件的尺寸换算系数取 1.05;100 mm×100 mm×100 mm 试件的尺寸换算系数取 0.95。

(2)当混凝土强度等级不小于 C60,不大于 C100 时,尺寸换算系数宜由实验确定,若未进行实验,100 mm×100 mm×100 mm 试件的尺寸换算系数取 0.95。

(3)当混凝土强度等级大于 C100 时,尺寸换算系数应经实验确定。

6. 实验操作视频(详见二维码)

3.5.3　混凝土轴心抗压强度实验

1. 实验目的及意义

混凝土立方体抗压强度能为混凝土等级的划分提供依据。在实际过程中,钢筋混凝土结构形式很少是立方体的、大部分是棱柱体或圆柱体型。为了使测得的混凝土强度更接近混凝土结构的实际受力情况,为结构设计提供相关依据,需测定混凝土轴心的抗压强度。

学会轴心抗压强度的测定方法,为施工质量控制提供依据。

2. 实验原理

采用 150 mm×150 mm×300 mm 的棱柱体标准试件进行实验,在标准实验条件下测定单位面积所承受的最大压力。

3. 检测仪器设备

压力机或万能实验机：技术指标同混凝土立方体抗压强度实验。

4. 检测步骤

(1) 从养护地点取出试件后应及时检查其尺寸、形状并进行实验，用干毛巾将试件表面与上下承压板面擦拭干净。

(2) 将试件直立安放在实验机的下压板或钢垫板上。试件的轴心应与实验机的下压板中心对准。

(3) 启动实验机，当上压板与试件或钢垫板接近时，调整球座，确保接触均匀。

(4) 在实验过程中应连续均匀地加荷，加荷速率取每秒钟 0.3～1.0 MPa。当混凝土强度等级＜C30 时，加荷速率取每秒钟 0.3～0.5 MPa；混凝土强度等级≥C30 且＜C60 时，取每秒 0.5～0.8 MPa；混凝土强度等级≥C60 时，取每秒 0.8～1.0 MPa。

(5) 若手动控制压力机加荷，当试件接近破坏状态开始急剧变形时，应停止实验并调整机油门，直至破坏。记录破坏荷载。

5. 计算与结果

混凝土轴心抗压强度按下式计算：

$$f_{cp} = \frac{F}{A} \tag{3-67}$$

式中：f_{cp}——混凝土轴心试件抗压强度，MPa(计算结果精确到 0.1 MPa)；

　　　F——试件破坏荷载，N；

　　　A——试件承压面积，mm^2。

混凝土轴心抗压强度取三个试件测定值的算术平均值作为该组试件的强度值，应精确至 0.1 MPa；若在三个测定值中的最大值或最小值中有一个与中间值的差值超过中间值的 15%，应把最大及最小值剔除，取中间值作为该组试件的抗压强度；当最大值和最小值与中间值的差值均超过中间值的 15% 时，该组试件的实验结果无效。

上述强度值的判定是基于标准试件制定的，非标准试件测得的强度值均应乘以尺寸换算系数：

(1) 当混凝土强度等级小于 C60 时，200 mm×200 mm×400 mm 试件的尺寸换算系数取 1.05；100 mm×100 mm×300 mm 试件的尺寸换算系数取 0.95。

(2) 混凝土强度等级不小于 C60，宜采用标准试件；使用非标准试件时，尺寸换算系数宜由实验确定。

3.5.4　混凝土圆柱体抗压强度实验

由于圆柱体试件的环箍效应较明显，所以测得的强度与棱柱体轴心的抗压强度存在一定差异。采用取芯法检测既有建筑结构的混凝土强度时，试件也为圆柱体型，国外(美国、日本、英国等)均采用圆柱体抗压强度。

1. 实验目的

学会圆柱体抗压强度的测定方法，为施工质量控制提供依据。

2. 实验原理

采用 ϕ150 mm×300 mm 的圆柱体标准试件进行实验，在标准实验条件下测定单位面积所承受的最大压力。

3. 检测仪器设备

压力机或万能实验机：技术指标同混凝土立方体抗压强度实验。

卡尺，量程为 300 mm，分度值为 0.02 mm。

4. 检测步骤

(1) 从养护地点取出试件检查其尺寸和形状，尺寸公差应满足规定要求。试件取出后应及时进行实验，用干毛巾将试件表面与上下承压板面擦拭干净。

(2) 将试件直立安放在实验机的下压板或钢垫板上，将试件的轴心与实验机加压板中心对准。

(3) 启动实验机，当上压板与试件或钢垫板接近时，调整球座，确保接触均匀。实验机的加压板与试件的端面要紧密接触，中间不应有其他物质。

(4) 在实验过程中应连续均匀地加荷，加荷速率同混凝土轴心抗压强度实验。

(5) 若手动控制压力机加荷，当试件接近破坏状态开始急剧变形时，应停止实验并调整机油门，直至破坏，然后记录破坏荷载。

5. 计算与结果

混凝土圆柱体试件抗压强度计算及确定按如下方法计算。

(1) 试件直径按下式计算：

$$d = \frac{d_1 + d_2}{2} \tag{3-68}$$

式中：d——试件计算直径，mm(计算结果精确到 0.1 mm)；

d_1、d_2——试件两个垂直方向的直径，mm。

(2) 抗压强度按下式计算：

$$f_{cc} = \frac{4F}{\pi d^2} \tag{3-69}$$

式中：f_{cc}——混凝土的抗压强度，MPa(计算结果精确到 0.1 MPa)；

F——试件破坏荷载，N；

d——试件计算直径，mm。

混凝土圆柱体抗压强度的确定同混凝土轴心抗压强度。

上述强度值的判定是基于标准试件制定的，非标准试件测得的强度值均应乘以尺寸换算系数：

(1) ϕ200 mm×400 mm 的非标准圆柱体试件，尺寸换算系数取 1.05。

(2) ϕ100 mm×200 mm 的非标准圆柱体试件，尺寸换算系数取 0.95。

6. 练习题(详见二维码)

3.5.5 混凝土抗折强度实验

在实际工程中常会出现混凝土断裂破坏现象。例如混凝土路面和桥面的主要破坏形态就是断裂,因此进行路面设计以及混凝土配合比设计时要以混凝土的抗折强度作为主要强度指标。

1. 实验目的

确定混凝土抗压强度的同时,有时候还需要了解混凝土的抗折强度,进行路面结构设计就需要将混凝土的抗折强度作为主要设计指标。混凝土抗折强度实验一般使用 150 mm×150 mm×600 mm 或 150 mm×150 mm×550 mm 棱柱体小梁作为标准试件。

2. 检测仪器设备

压力机或万能实验机:技术指标同混凝土立方体抗压强度实验。

抗折实验装置:双点加荷的钢制加荷头,使两个相等的荷载同时垂直作用在试件跨度的两个三分点处;与试件接触的两个支座头和两个加荷头应采用直径为 20~40 mm、长度不小于(d+10)mm 的硬钢圆柱,支座立脚点应为固定铰支,其他三个应为滚动支点。

3. 检测步骤

(1)从养护地点取出试件后,应检查其尺寸及形状,并及时进行实验。用干毛巾将试件表面与上下承压板面擦拭干净。在试件侧面画出加荷线位置。

(2)将试件直立安放在实验机的下压板或钢垫板上,将试件的轴心应与实验机的下压板中心对准。

(3)启动实验机,当上压板与试件或钢垫板接近时,调整球座,确保接触均匀。

(4)在实验过程中应连续均匀地加荷,混凝土强度等级<C30 时,加荷速率取每秒钟 0.02~0.05 MPa;混凝土强度等级≥C30 且<C60 时,取每秒 0.05~0.08 MPa;混凝土强度等级≥C60 时,取每秒 0.08~0.10 MPa。

(5)若手动控制压力机加荷,当试件接近破坏状态开始急剧变形时,应停止实验并调整机油门,直至破坏。记录破坏荷载。

4. 计算与结果

若试件下边缘断裂位置处于两个集中荷载作用线之间,则试件的抗折强度 f_t(MPa)应按下式计算:

$$f_t = \frac{Fl}{bh^2} \qquad (3-70)$$

式中:f_t——混凝土抗折强度,MPa(计算结果精确到 0.1 MPa);

F——试件破坏荷载,N;

l——支座间跨度，mm；

b——试件截面宽度，mm；

h——试件截面高度，mm。

取三个试件测定值的算术平均值作为该组试件的抗折强度，应精确至 0.1 MPa；当三个测定值的最大值或最小值中有一个与中间值的差值超过中间值的 15％时，应把最大及最小值剔除，取中间值作为该组试件的抗压强度；当最大值和最小值与中间值的差值均超过中间值的 15％时，该组试件的实验结果无效。

若三个试件中有一个折断面位于两个集中荷载之外，混凝土抗折强度应按另两个试件的实验结果计算。当这两个测定值的差值不大于测定值的较小值的 15％时，该组试件的抗折强度应按这两个测定值的算术平均值计算，否则该组试件的实验结果无效。当有两个试件的下边缘断裂位置位于两个集中荷载作用线之外时，该组试件实验无效。

上述强度值的判定是基于标准试件制定的，非标准试件测得的强度值均应乘以尺寸换算系数：

（1）100 mm×100 mm×400 mm 试件的换算系数取 0.85。

（2）混凝土强度等级不小于 C60，宜采用标准试件；使用非标准试件时，尺寸换算系数宜由实验确定。

5. 注意事项

（1）如果试件中部 1/3 长度内有蜂窝组织，该试件应作废。

（2）应保证在试件三分点处双点加载，并将试件成型时的侧面朝上。

（3）断面位置应在试件断块短边一侧的底面中轴线上量得。

6. 练习题(详见二维码)

3.5.6　混凝土立方体劈裂抗拉强度实验

混凝土的抗拉强度对开裂问题具有重要意义，在结构设计中抗拉强度是确定混凝土抗裂度的重要指标，有时也可用来间接衡量混凝土与钢筋的黏结强度等。

1. 实验目的

混凝土抗拉强度很低，一般在钢筋混凝土结构设计中不考虑混凝土承受的拉力，但是混凝土抗拉强度对于混凝土抗裂性有重要意义，也是结构设计中确定混凝土抗裂度的主要指标。目前混凝土抗拉强度的测定采用劈裂法，也称劈拉强度测定法。我国劈拉强度采用边长为 150 mm 的立方体作为标准试件。

2. 检测仪器设备

（1）压力机或万能实验机：技术指标同混凝土立方体抗压强度实验。

（2）垫块(图 3-25)应采用横截面为半径 75 mm 的钢制弧形垫块，垫块的长度应与试件相同。

图 3-25 钢制垫块示意图

（3）垫条应由普通胶合板或硬质纤维板制成，宽度为 20 mm，厚度为 3~4 mm，长度不应小于试件长度。垫条不得重复使用。

（4）定位支架应为钢支架（图 3-26）。

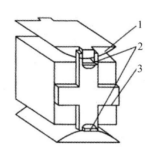

1—垫块；2—垫条；3—支架

图 3-26 钢制垫块示意图

3. 检测步骤

（1）试件从养护地点取出后，应检查其尺寸及形状，尺寸公差应满足规定要求，将试件表面擦拭干净，并及时进行实验。

（2）在试件成型时的顶面和底面中部画出相互平行的直线，确定劈裂面的位置。

（3）将试件安放在实验机下压板的中心位置，劈裂承压面和劈裂面应与试件成型时的顶面垂直。在上、下压板与试件之间垫圆弧形垫块及垫条各一条，垫块与垫条应与试件上、下面的中心线对准并与成型时的顶面垂直，最好把垫条及试件安装在定位架上使用。

（4）启动实验机，当上压板与圆弧形垫块接近时，调整球座，确保接触均匀。在实验过程中应连续均匀地加荷，当混凝土立方体抗压强度达到 30 MPa 时，加荷速率取每秒钟 0.02~0.05 MPa；当混凝土立方体抗压强度强度为 30~60 MPa 时，取每秒 0.05~0.08 MPa；当混凝土立方体抗压强度不小于 60 MPa 时，取每秒 0.08~0.10 MPa。

（5）若手动控制压力机加荷，当试件接近破坏状态开始急剧变形时，应停止实验并调整机油门，直至破坏。记录破坏荷载。

（6）试件断裂面应垂直于承压面，当断裂面不垂直于承压面时，应做好记录。

4. 计算与结果

混凝土劈裂抗拉强度按下式计算：

$$f_{ts} = \frac{2F}{\pi A} = 0.637 \frac{F}{A} \tag{3-71}$$

式中：f_{ts}——混凝土劈裂抗拉强度，MPa（计算结果精确到 0.01 MPa）；

F——试件破坏荷载，N；

A——试件劈裂面面积，mm^2。

取三个试件测定值的算术平均值作为该组试件的劈裂抗拉强度，应精确至 0.01 MPa；当三个测定值的最大值或最小值中有一个与中间值的差值超过中间值的 15％时，应把最大及最小值剔除，取中间值作为该组试件的抗压强度；当最大值和最小值与中间值的差值均超过中间值的 15％时，该组试件的实验结果无效。

上述强度值的判定是基于标准试件制定的，非标准试件测得的强度值均应乘以尺寸换算系数：

(1) 100 mm×100 mm×100 mm 的非标准试件尺寸换算系数取 0.85。

(2) 当混凝土强度等级不小于 C60 时，应采用标准试件。

3.5.7　混凝土圆柱体劈裂抗拉强度实验

圆柱体混凝土劈裂抗拉试件的直径尺寸有 100 mm、150 mm、200 mm 三种，其高度是直径的 2 倍。粗骨科的最大粒径应小于试件直径的 1/4。本实验以 φ150 mm×300 mm 的圆柱体为标准试件。

1. 实验目的

掌握圆柱体试件劈裂抗拉强度实验方法。

2. 检测仪器设备

(1) 压力机或万能实验机：技术指标同混凝土立方体抗压强度实验。

(2) 垫块：同立方体劈裂抗拉强度实验要求。

3. 检测步骤

(1) 从养护地点取出试件后检查尺寸及形状。圆柱体母线公差为 0.15 mm，将试件表面擦拭干净，并及时进行实验。

(2) 标出两条承压线。这两条线应位于同一轴向平面内，彼此相对，两线的末端在试件的端面上相连，以便能明确地表示承压面。

(3) 将试件安放在实验机的中心位置（图 3-27），在上、下压板与试件承压线之间各垫一条垫条，圆柱体轴线应在上、下垫条之间保持水平，垫条的位置应上下对准。宜把垫层安放在定位架上使用。

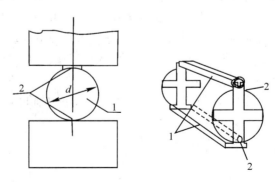

1-定位架；2-垫条

图 3-27　试件安放示意图

（4）启动实验机，连续均匀地加荷，加荷速率同立方体劈裂抗拉强度实验要求。

（5）若手动控制压力机加荷，当试件接近破坏状态开始急剧变形时，应停止实验并调整机油门，直至破坏。记录破坏荷载。

（6）试件断裂面应垂直于承压面，当断裂面不垂直于承压面时，应做好记录。

4. 计算与结果

圆柱体劈裂抗拉强度按下式计算：

$$f_{ct} = \frac{2F}{\pi \times d \times l} = 0.637\frac{F}{A} \tag{3-72}$$

式中：f_{ct}——圆柱体劈裂抗拉强度，MPa（计算结果精确到 0.01 MPa）；

　　　F——试件破坏荷载，N；

　　　d——劈裂面的试件直径，mm；

　　　l——试件的高度，mm；

　　　A——试件劈裂面面积，mm^2。

圆柱体劈裂抗拉强度的确定同立方体劈裂抗拉强度的确定要求。若采用非标准试件进行实验，应在报告中注明。

5. 练习题（详见二维码）

3.5.8　回弹法测混凝土抗压强度实验

现场多采用非破损检测方法检测建筑混凝土强度，主要有回弹法、超声法、射线法等。非破损检测方法就是利用与混凝土强度有关系的物理量与混凝土强度之间的关系，推算出混凝土的强度，并进一步确定混凝土强度的标准值。

1. 实验目的及意义

掌握回弹仪检测混凝土强度的方法；推算混凝土试件的强度；掌握混凝土碳化深度的测定方法，掌握混凝土强度计算方法，为建筑检测加固提供数据支持。

2. 实验原理

回弹法是根据混凝土表面硬度与抗压强度之间的相关关系，通过测试混凝土的表面硬度推算混凝土的抗压强度。回弹法使用的回弹仪是用弹簧驱动重锤，使弹击杆弹击混凝土表面，混凝土表面局部发生塑性变形，一部分动能被混凝土吸收，另一部分则回传给重锤，使重锤回弹。回弹高度可间接地反映混凝土的表面硬度，通过建立与混凝土强度之间的关系，推算混凝土强度。

3. 检测仪器设备

回弹仪：回弹仪是一种非破损检测仪器，依据冲击能量的大小，类型可分为重型、中型、轻型和特轻型。

重型：冲击能量 29.4 J，主要用于大体积普通混凝土结构的强度检测；

中型：冲击能量 2.21 J，主要用于一般混凝土结构的强度检测；

轻型：冲击能量 0.98 J，主要用于轻质混凝土和砖的强度检测；

特轻型：冲击能量 0.28 J，主要用于砌体砂浆的强度检测。

回弹仪技术指标：

（1）回弹仪可为数字式，也可为指针直读式。

（2）回弹仪应具有产品合格证及计量检定证书，并应在回弹仪的明显位置标注名称、型号、制造厂名、出厂编号等信息。

（3）水平弹击时，在弹击锤脱钩瞬间，回弹仪的标称能量应为 2.207 J。

（4）在弹击锤与弹击杆碰撞的瞬间，弹击拉簧应处于自由状态，且弹击锤起跳点应位于指针指示刻度尺"0"处。

（5）在洛氏硬度 HRC 为 60±2 的钢砧上，回弹仪的率定值应为 80±2。

（6）数字式回弹仪应带有指针直读示值系统，数字显示的回弹值与指针直读值相差不应超过 1。

（7）回弹仪检定周期为半年，当有下列情况之一时，应送法定计量检定机构检定：新回弹仪启用前；超过检定有效期限；数字式回弹仪数字显示的回弹值与指针直读值相差大于 1；经保养后，在钢砧上的率定值不合格；遭受严重撞击或其他损害。

（8）率定实验应在室温为 5～35℃ 的条件下进行；钢砧表面应干燥、清洁，并应稳固地平放在刚度大的物体上；回弹值应取连续向下弹击三次的稳定回弹结果的算术平均值；率定实验应分四个方向进行，且在每个方向弹击前，弹击杆应旋转 90°，每个方向的回弹平均值均应为 80±2。

4. 检测步骤

（1）检测所需资料：

① 工程名称、设计单位、施工单位。

② 构件名称、数量及混凝土类型、强度等级。

③ 水泥安定性、外加剂、掺合料品种、混凝土配合比等。

④ 施工模板、混凝土浇筑和养护情况及浇筑日期等。

⑤ 必要的设计图纸和施工记录。

⑥ 检测原因。

（2）抽样

① 单个构件的检测应符合下列规定：

对于一般构件，测区数不宜少于 10 个。当受检构件数量大于 30 个且不需提供单个构件推定强度，或受检构件某一方向尺寸不大于 4.5 m 且另一方向尺寸不大于 0.3 m 时，每个构件的测区数量可适当减少，但不应少于 5 个。相邻两测区的间距不应大于 2 m，测区离构件端部或施工缝边缘的距离不宜大于 0.5 m，且不宜小于 0.2 m。测区宜选择能使回弹仪处于水平方向的混凝土浇筑侧面位置，当不能满足这一要求时，也可选择使回弹仪处于非水平方向的混凝土浇筑表面或底面位置。测区宜布置在构件的两个对称可测面上，且应分布均匀，在构件的重要部位及薄弱部位应设置测区，并应避开预埋件。测区的面积不宜大于 0.04 m²。测区表面应为混凝土原浆面，并应清洁、平整，不应有疏松层、浮浆、油垢、涂层、蜂窝、麻面。应对弹击时产生颤动的薄壁、小型构件进行固定。

② 对于混凝土生产工艺、强度等级相同，原材料、配合比、养护条件基本一致且龄期相近的一批同类构件的检测应进行批量检测。批量检测时，应随机抽取构件，抽检数量不宜少于同批构件总数的 30% 且不宜少于 10 件。当检验构件数量大于 30 个时，可适当调整抽样构件数量，但不得少于国家现行相关标准规定的最少抽样数量。

③ 应有构件测区布置方案，各测区应标明清晰的编号，必要时应在记录纸上描述测区布置示意图和外观质量情况。

（3）测量。

① 回弹值测量：

测量回弹值时，回弹仪的轴线应始终垂直于混凝土检测面。每一测区应读取 16 个回弹值，每一测点的回弹值读数应精确至 1。测点宜在测区范围内均匀分布，相邻两测点的净距离不宜小于 20 mm。测点距外露钢筋、预埋件的距离不宜小于 30 mm，测点不应在气孔或外露石子上，同一测点只弹击一次。

② 碳化深度值测量：

回弹值测量完毕后，应在有代表性的测区测量碳化深度值，测点数不应少于构件测区数的 30%，应取其算术平均值作为该构件每个测区的碳化深度值。当碳化深度值极差大于 2.0 mm 时，应对每一测区分别测量碳化深度值。

5. 实验结果计算

计算每个测区的平均回弹值，应先从该测区 16 个回弹值中剔除 3 个最大值和 3 个最小值，然后计算剩余 10 个值的平均回弹值，按下式计算：

$$R_m = \frac{1}{10}\sum_{i=1}^{n} R_i \qquad (3-73)$$

式中：R_m——测区平均回弹值（精确至 0.1）；

R_i——第 i 个测点的回弹值。

在非水平方向检测混凝土浇筑侧面，按下列公式予以修正：

$$R_m = R_{ma} + R_{aa} \qquad (3-74)$$

式中：R_{ma}——非水平方向检测测区平均回弹值（精确至 0.1）；

R_{aa}——非水平方向检测回弹值的修正值根据[（根据 JGT/T 23—2011）的附录表 C 确定]。

在水平方向检测混凝土浇筑表面或底面，按下列公式予以修正：

$$R_m = R_m^t + R_a^t \qquad (3-75)$$

$$R_m = R_m^b + R_a^b \qquad (3-76)$$

式中：R_m^t、R_m^b——水平方向检测混凝土浇筑表面和底面，测区的平均回弹值（精确至 0.1）；

R_a^t、R_a^b——混凝土浇筑表面和底面的回弹值修正值[根据（JGT/T 23—2011）的附录表 D 确定]。

构件第 i 个测区混凝土强度换算值，可根据公式（3-74）求得的平均回弹值（R_m）及所求的平均碳化深度值（d_m）由规范（JGT/T 23—2011）查附录 A、附录 B 表或计算得出。当有地区测强曲线或专用测强曲线时，混凝土强度的换算值宜按地区测强曲线或专用测强曲线计算或查表得出。

当检测条件与测强曲线的使用条件有较大差异时，可对在构件上钻取的混凝土芯样或同条件试块检测，修正测区混凝土强度换算值。对同一强度等级混凝土修正时，试件或钻取芯样应不少于 6 个。测区混凝土修正量及测区混凝土强度换算值的修正应按下式计算：

$$\Delta_{tot} = f_{cor, m} - f_{cu, m0}^c \tag{3-77}$$

$$\Delta_{tot} = f_{c\mu, m} - f_{cu, m0}^c \tag{3-78}$$

$$f_{cu, m} = \frac{1}{n} \sum_{i=1}^{n} f_{cu, i} \tag{3-79}$$

$$f_{cor, m} = \frac{1}{n} \sum_{i=1}^{n} f_{cor, i} \tag{3-80}$$

$$f_{cu, m_0}^c = \frac{1}{n} \sum_{i=1}^{n} f_{cu, i}^c \tag{3-81}$$

式中：Δ_{tot}——测区混凝土强度修正量，MPa（精确到 0.1 MPa）；

$f_{cu, m}$——同条件混凝土立方体试件（边长 150 mm）的抗压强度平均值，MPa（结果精确到 0.1 MPa）；

$f_{cor, m}$——混凝土芯样试件的抗压强度平均值，MPa（精确到 0.1 MPa）；

$f_{cu, m0}^c$——对应钻芯部位或同条件立方体试块回弹测区混凝土强度换算值的平均值，MPa（精确到 0.01 MPa）；

$f_{cu, i}$——第 i 个混凝土立方体试件（边长 150 mm）的抗压强度值；

$f_{cor, i}$——第 i 个混凝土芯样试件的抗压强度值；

$f_{cu, i}^c$——对应第 i 个芯样部位或同条件立方体试块测区回弹值和碳化深度值的混凝土强度换算值。

测区混凝土强度换算值的修正值应按下式计算：

$$f_{cu, i1}^c = f_{cu, i0}^c + \Delta_{tot} \tag{3-82}$$

式中：$f_{cu, i0}^c$——第 i 个测区修正前的混凝土强度换算值，MPa（精确到 0.1 MPa）；

$f_{cu, i1}^c$——第 i 个测区修正后的混凝土强度换算值，MPa（精确到 0.1 MPa）；

构件测区的混凝土强度平均值应根据各测区的混凝土强度换算值计算。当测区数为 10 个或 10 个以上时，应计算强度标准差。平均值及标准差按下列公式计算。

$$m_{f_{cu}^c} = \frac{1}{n} \sum_{i=1}^{n} f_{cu, i}^c \tag{3-83}$$

$$S_{f_{cu}^c} = \sqrt{\frac{\sum_{i=1}^{n} (f_{cu, i}^c)^2 - n (m_{f_{cu}^c})^2}{n-1}} \tag{3-84}$$

式中：$m_{f_{cu}^c}$——构件测区混凝土强度换算值的平均值，MPa（精确至 0.1 MPa）；

n——单个检测构件，取该构件的测区数；批量检测的构件，取所有被抽检构件测区数之和；

$S_{f_{cu}^c}$——构件测区混凝土强度换算值的标准差，MPa（精确至 0.1 MPa）。

构件的混凝土强度推定值（$f_{cu, e}$）应按下列规定计算：

① 当构件测区数少于 10 个时，按下式计算：

$$f_{\mathrm{cu,e}} = f^{\mathrm{c}}_{\mathrm{cu,min}} \qquad (3-85)$$

式中：$f^{\mathrm{c}}_{\mathrm{cu,min}}$——构件中最小的测区混凝土强度换算值；

$f_{\mathrm{cu,e}}$——构件中的混凝土强度推定值，单位 MPa。

② 当构件测区的强度值小于 10.0 MPa 时，应按下式计算：

$$f_{\mathrm{cu,e}} < 10.0 \text{ MPa} \qquad (3-86)$$

③ 当构件测区数不少于 10 个时，按下式计算：

$$f_{\mathrm{cu,e}} = m_{f^{\mathrm{c}}_{\mathrm{cu}}} - 1.645\, S_{f^{\mathrm{c}}_{\mathrm{cu}}} \qquad (3-87)$$

④ 当批量检测时，应按下式计算：

$$f_{\mathrm{cu,e}} = m_{f^{\mathrm{c}}_{\mathrm{cu}}} - k\, S_{f^{\mathrm{c}}_{\mathrm{cu}}} \qquad (3-88)$$

式中：k——推定系数，宜取 1.645。当需要对强度区间进行推定时，可按国家现行相关标准的规定取值。

6. 测强曲线

混凝土强度换算值，可根据统一测强曲线、地区测强曲线或专用测强曲线三类测强曲线进行计算。

统一测强曲线：使用全国具有代表性的材料与成型养护工艺配制的混凝土试件，通过实验建立的曲线。符合下列条件的混凝土，应根据(JGJ/T23—2011)《回弹法检测混凝土抗压强度技术规程》，进行测区混凝土强度换算。混凝土使用的水泥、砂石、外加剂、掺合料、拌合用水应符合国家现行相关标准；采用普通成型工艺；使用符合国家标准规定的模板；蒸汽养护出池应自然养护 7 d 以上，且混凝土表层为干燥状态；自然养护龄期为 14~1000 d；抗压强度为 10.0~60.0 MPa；测区混凝土强度换算表依据统一测强曲线，强度相对误差应不大于 15.0%，相对标准差不大于 18.0%。当有下列情况之一时，测区混凝土强度不得按照规范进行强度换算：非泵送混凝土粗骨料最大公称粒径大于 60 mm，泵送混凝土粗骨料最大公称粒径大于 31.5 mm；特种成型工艺制作的混凝土；检测部位曲率半径小于 250 mm；潮湿或浸水混凝土。

地区测强曲线：使用本地区常用的材料、成型工艺制作的混凝土试件，通过实验建立的测强曲线。

专用测强曲线：使用与混凝土相同的材料、成型养护工艺制作的混凝土试件，通过实验建立的测强曲线。

地区测强曲线的强度平均相对误差不应大于 14.0%，相对标准差不应大于 17.0%。专用测强曲线的强度平均相对误差不应大于 12.0%，相对标准差不应大于 14.0%。使用地区或专用测强曲线时，被检测的混凝土应与该类测强曲线的混凝土适用条件相同，不得超出该类测强曲线的适用范围，并应每半年抽取一定数量的同条件试件校核，当存在显著差异时，应查找原因，并不得继续使用。

7. 回弹法特点及适用范围

优点：技术成熟，操作简便，测试快速，对结构无损伤，检测费用低等。误差一般在 13% 以内。

使用回弹仪的环境温度应为 -4~40℃。回弹法主要用于已建和新建建筑的混凝土强度检测，适用于抗压强度 10~60 MPa 的砼。测量受结构表面状况影响，如混凝土的不同浇筑面、潮湿面、老建筑物表面风化及碳化程度较深等，都会影响测试结果。

8. 练习题(详见二维码)

3.5.9 混凝土受压弹性模量

静力受压弹性模量是混凝土的重要力学和工程性能指标，掌握混凝土的弹性模量对深刻了解混凝土的强度、变形和结构安全稳定性能具有重要意义。

1. 实验目的

测定水泥混凝土在静力作用下的受压弹性模量。

2. 检测仪器设备

压力实验机或万能实验机：同棱柱体轴心抗压强度实验。

微变形测量仪器：可采用千分表、电阻应变片、激光测长仪、引伸计或位移传感器等。采用千分表或位移传感器时应备有微变形测量固定架，试件的变形通过微变形测量固定架传递到千分表或位移传感器。采用电阻应变片或位移传感器测量试件变形时，应备有数据同步采集系统。千分表和位移传感器的测量精度为±0.001 mm，电阻应变片、激光测长仪或引伸仪的测量精度为±0.001%，标距为150 mm。

3. 检测原理及步骤

混凝土棱柱体弹性模量实验的试件以150 mm×150 mm×300 mm的棱柱体试件为标准试件，以100 mm×100 mm×300 mm和200 mm×200 mm×400 mm的棱柱体试件为非标准试件。每次实验应制备六个试件，其中三个用来测定轴心抗压强度，另外三个用于测定静力受压弹性模量。

(1) 当试件达到实验龄期时，从养护地点取出并检查其尺寸形状。试件取出后应尽快进行实验。

(2) 取一组试件按照3.5.3节中的规定测定混凝土的轴心抗压强度(f_{cp})，另一组用于测定混凝土的弹性模量。

(3) 在测定混凝土弹性模量时，微变形测量仪应装在试件两侧的中线上并对称于试件的两端。当使用千分表或位移传感器时，应将千分表或位移传感器固定在变形测量架上，试件的测量标距应为150 mm，由标距定位杆定位，变形测量架通过紧固螺钉固定。

当使用电阻应变仪测量变形时，应变片的标距应为150 mm，试件从养护室取出后，应对贴应变片区域的试件表面缺陷进行处理，可使用电吹风吹干试件表面，然后在试件的两侧中部用502胶水粘贴应变片。

(4) 试件放在实验机前，应将试件表面与上下承压板面擦干净。并将试件直立放置在实验机的下压板或钢垫板上，使试件轴心与下压板中心对准。

(5) 开启实验机，试件表面与上下承压板或钢垫板应均匀接触。加荷至基准应力为0.5 MPa的初始荷载值F_0，保持恒载60 s并在以后的30 s内记录每测点的变形读数ε_0。然后立即连续均匀地加荷至应力为轴心抗压强度 f_{cp}1/3 时的荷载值 F_a，保持恒载 60 s 并在以后的 30 s 内记录每一测点的变形读数 ε_a。加荷速率应符合轴心抗压强度实验的相关规定(图 3 - 28)。

（6）当左右两侧的变形值之差与平均值之比大于 20% 时，应重复实施第 5 条操作。若无法使其减小到小于 20%，此次实验无效。

（7）确定试件符合第 6 条规定后，以与加荷速率相同的速率卸荷至基准应力 0.5 MPa（F_0），恒载 60 s；用同样的加荷和卸荷速率以及 60 s 的保持荷载（F_0 及 F_a）至少进行两次反复预压。完成最后一次预压后，在基准应力 0.5 MPa（F_0）下保持荷载 60 s 并在以后 30 s 内记录每一测点的变形读数 ε_0，再用同样的加荷速率加荷至 F_a，持荷 60 s 并在以后的 30 s 内记录每一测点的变形读数 ε_a。

（8）卸除变形测量仪，以同样的速率加荷至破坏状态，记录破坏荷载。若测定弹性模量后的试件抗压强度 f_{cp} 之差超过 f_{cp} 的 20%，应在报告中注明。

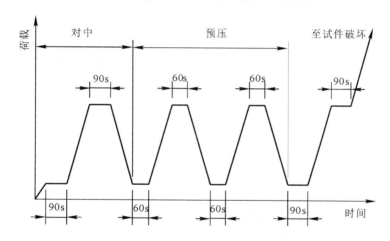

图 3 - 28　混凝土弹性模量加载示意图

4. 计算与结果

混凝土静压受力弹性模量按下式计算：

$$E_c = \frac{F_a - F_0}{A} \times \frac{L}{\Delta n} \tag{3 - 89}$$

$$\Delta n = \varepsilon_a - \varepsilon_0 \tag{3 - 90}$$

式中：E_c——混凝土静压受力弹性模量，MPa（计算结果精确到 100 MPa）；

F_a——应力为 1/3 轴心抗压强度时的荷载，N；

F_0——应力为 0.5 MPa 时的初始荷载，N；

A——试件承压面积，mm^2；

L——测量标距，mm；

Δn——最后一次从 F_0 加荷至 F_a 时试件两侧变形的平均值，mm；

ε_a——F_a 时试件两侧变形的平均值，mm；

ε_0——F_0 时试件两侧变形的平均值，mm。

将 3 个试件测定值的算术平均值作为该组试件的弹性模量值，应精确至 100 MPa。若有一个试件在测定弹性模量后的轴心抗压强度，与用以确定检验控制荷载的轴心抗压强度之差超过后者的 20%，弹性模量值应按另两个试件测定值的算术平均值计算；若有二个试件在测定弹性模量后的轴心抗压强度，与用以确定检验控制荷载的轴心抗压强度之差超过后者的 20%，此次实验无效。

5. 练习题(详见二维码)

3.6　建筑钢材力学性能检测

3.6.1　概述

建筑钢材分为用于混凝土结构的钢筋、钢丝和用于钢结构的型钢两大类。建筑钢材与其他建筑材料相比，具有强度高，自重小，抗变形能力强，易于装配等优点，因此建筑钢材被广泛应用于土木工程的各个领域。随着大跨度、高层建筑的发展和对建筑结构的不断优化，建筑钢材的重要性将不断提高。

钢筋力学性能的检测对建筑工程项目施工具有重要的影响，作为钢筋混凝土工程的骨架，钢筋强度决定着建筑物的质量、稳定性和安全性。建筑钢材的性能指标主要有：钢筋拉伸性能、钢筋冷弯性能、钢筋冲击韧性性能、硬度和耐疲劳性能等。

本节主要介绍土木工程钢筋材料的力学性能检测方法。

每批钢筋的检验项目、取样方法和试验方法见表 3-42。

表 3-42　钢筋抽样

序号	检验项目	取样量	取样方法	试验方法
1	化学成分（熔炼分析）	1个	GB/T20066	GB/T223 相关部分、GB/T4336、GB/T20123、GB/T20124、GB/T20125
2	拉伸	2个	不同根(盘)钢筋切取	GB/T28900 和 8.2
3	弯曲	2个	不同根(盘)钢筋切取	GB/T28900 和 8.2
4	反向弯曲	1个	任 1 根(盘)钢筋切取	GB/T28900 和 8.2
5	尺寸	逐根(盘)	—	8.3
6	表面	逐根(盘)	—	目视
7	重量偏差	8.4 个		
8	金相组织	2个	任 1 根(盘)钢筋切取	GB/T13298 和附录 B
化学成分的试验方法优先选用 GB/T4336，对化学分析结果有争议时，仲裁试验应按第 2 章 GB/T223 的相关部分进行				

3.6.2 钢筋拉伸实验

拉伸实验是材料力学性能测试的常见试验方法，在实验中钢材的弹性变形、塑性变形、断裂等状况可以反映材料抵抗外力作用的全过程，同时得到的材料强度和塑性性能数据，对材料的设计、选材、验收以及质量控制等具有重要的参考价值。对钢筋进行拉伸性能实验能够有效判定样品的质量是否合格。

1. 实验目的及适用范围

本方法适用于测定钢筋的室温拉伸力学性能[在 10～35℃ 环境下，对温度要求严格的实验，实验温度应为(23±5)℃]，测定的参数有屈服强度、抗拉强度和伸长率。最终评定钢筋的强度等级。

2. 实验原理

拉伸金属材料试样至断裂，测定某一项或某几项力学性能。

3. 主要检测设备

(1) 万能实验机：测力示值误差不大于 1%。

(2) 游标卡尺：精确度为 0.1 mm。

(3) 钢筋打点标距仪。

4. 实验准备

(1) 抗拉实验所用钢筋试件不得进行车削加工，可以用两个或一系列等分小冲点或细画线标记。

(2) 钢筋取样二根，取样长度应保证钢筋在实验机两夹头间的自由长度至少比原始标距长 50 mm，热轧钢筋取样长度应大于(5 d+200)mm。

(3) 原始标距 5 d 或 10 d(标记不应影响试样的拉伸断裂)，测量标距长度 Lo(精确至 0.1 mm)，钢筋强度计算采用公称横截面积。

(4) 钢筋标定(打间隔为 1 cm 的点)。

5. 实验步骤

(1) 屈服强度与抗拉强度测定。

① 将试件固定在实验机夹头内，开动实验机进行拉伸直至拉断。拉伸速度为：屈服前，应力增加速度为 10 Mpa/s；屈服后，实验机活动夹头在荷载下的移动速度不大于 0.5 Lc/min(Lc 平行长度)。

② 根据应力与荷载曲线图，读出屈服荷载和极限荷载，或者屈服强度和极限抗拉强度。

(2) 伸长率测定。

① 将已拉断试件的两端在断裂处对齐，尽量使其轴线在一条直线上。如拉断处存在缝隙，则此缝隙应计入试件拉断后的标距长度。

② 如拉断处到临近标距端点的距离大于 $1/3L_0$，可用卡尺直接量出已被拉长的标距长度 L_1(mm)。如拉断处到临近标距端点的距离小于或等于 $1/3L_0$，可按移位法计算标距 L_1(mm)。如试件在标距端点上或标距处断裂，则实验结果无效，应重新实验。

6. 实验结果处理

（1）屈服强度按下式计算：

$$\delta_s = \frac{P_s}{A_0} \tag{3-91}$$

式中：δ_s——屈服强度，MPa；

　　　P_s——屈服时的荷载，N；

　　　A_0——试件原横截面面积，mm^2。

（2）抗拉强度按下式计算：

$$\delta_b = \frac{P_b}{A_0} \tag{3-92}$$

式中：δ_b——抗拉强度，MPa；

　　　P_b——最大荷载，N；

　　　A_0——试件原横截面面积，mm^2。

（3）伸长率按下式计算（精确至1%）：

$$\delta_{10}(\delta_5) = \frac{l_1 - l_0}{l_0} \times 100\% \tag{3-93}$$

式中：$\delta_{10}(\delta_5)$——分别表示$l_0 = 10d_0$和$l_0 = 5d_0$时的伸长率；

　　　l_0——原始标距长度$10d_0$（或$5d_0$），mm；

　　　l_1——试件拉断后直接量出或按移位法确定的标距长度，mm（测量精确至0.1 mm）。

（4）当实验结果有一项不合格时，见下表3-43所示，应另取双倍数量的试样重做实验，如仍有不合格项目，则该批钢材判定为拉伸性能不合格。

表 3-43　钢筋力学性能技术要求

牌号	屈服强度 R_{cl}/MPa	抗拉强度 R_m/MPa	断后伸长率 A/%	最大总延伸率 A_{gt}/%	R_m^0/R_{cl}^0	R_{cl}^0/R_{cl}
	不小于					不大于
HRB400 HRBF400	400	540	16	7.5	—	—
HRB400E HRBF400E	400	540	—	9.0	1.25	1.30
HRB500 HRBF500	500	630	15	7.5	—	—
HRB500E HRBF500E	500	630	—	9.0	1.25	1.30
HRB600	600	730	14	7.5	—	—

注：R_m^0为钢筋实测抗拉强度；R_{cl}^0为钢筋实测下屈服强度。

7. 实验操作视频(详见二维码)

8. 练习题(详见二维码)

3.6.3　钢筋冷弯实验

冷弯是钢筋的重要工艺性能，可以检验钢筋在常温下的弯曲变形能力，通过对钢筋进行弯曲变形检测，可以判定试件的质量是否合格。

1. 实验目的

测定钢筋在规定弯曲程度下的弯曲变形性能。

2. 实验原理

冷弯实验是使圆形、方形、长方形或多边形横截面试样承受曲折塑性变形，不改动加力方向，直至到达规定的曲折视点。然后卸除实验力，查看试样的变形情况。通常查看试样发生曲折变化的外面、里边和旁边面，若曲折处未出现裂纹、起层或发生开裂现象，即可以判定试件的冷弯性能合格。

3. 主要检测设备

万能实验机。

4. 实验准备

（1）试件的弯曲外表面不得有划痕。

（2）试样加工时，应去除剪切或火焰切割等加工影响区域。

（3）当钢筋直径小于 35 mm 时，不需加工，直接用于实验；若实验机允许时，直径不大于 50 mm 的试件亦可用全截面进行实验。

（4）当钢筋直径大于 35 mm 时，应加工成直径 25 mm 的试件，加工时应保留一侧原表面，用于弯曲实验时，原表面应位于弯曲的外侧。

（5）弯曲试件长度根据试件直径和弯曲实验装置而定，通常按大于（5 d＋150）mm 的要求确定试件长度。

5. 实验步骤

钢筋弯曲如图 3-29 所示。

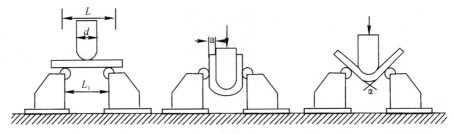

L—钢筋取样长度；d—弯心直径；a—钢筋直径；L_1—支辊距离；α—弯曲角度

图 3-29 钢筋弯曲示意图

（1）确定弯心直径 d。

由规范 GB/T1499.2—2018 可知，弯心直径与钢筋等级、直径、正向弯曲或反向弯曲有关，见下表 3-44。本实验取正向弯曲，HRB400，d＝25，D 取 4a。

表 3-44 钢筋冷弯技术要求

牌号	公称直径/mm	弯曲压头直径/mm
HRB400	6 且≤25	4a
HRBF400 HRB400E	28 且≤40	5a
HRBF400E	>40 且≤50	6a
HRB500	6 且≤25	6a
HRBF500 HRB500E	28 且≤40	7a
HRBF500E	>40 且≤50	8a
HRB600	6 且≤25	6a
	28 且≤40	7a
	>40 且≤50	8a

（2）调整支辊距离。

由规范 GB/T28900—2012、JB/T 232—2010 可得

$$L_1 = (d + 3a) \pm \frac{a}{2} = (4 \times 25 + 3 \times 25) \pm \frac{25}{2} = 162.5 \text{ mm} \sim 187.5 \text{ mm}$$

L_1 取 170 mm。

（3）试样放置于两个支点上，将一定直径的弯心在试样两个支点中间施加压力，使试样弯曲到规定的角度或出现裂纹、裂缝、裂断为止。试样在两个支点上按一定弯心直径弯曲至两臂平行时，即完成实验。

（4）实验应在 10～35℃或控制在（23±5）℃进行。

6. 实验结果评定：

按以下五种方法进行评定，若无裂纹、裂缝或裂断，则评定试件合格。

（1）试件弯曲处的外表面金属基本上无肉眼可见因弯曲变形产生的缺陷，称为完好。

（2）试件弯曲外表面金属基本上出现细小裂纹，其长度不大于2 mm，宽度不大于0.2 mm，称为微裂纹。

（3）试件弯曲外表面金属基本上出现裂纹，其长度大于2 mm，且小于或等于5 mm，宽度大于0.2 mm，且小于或等于0.5 mm，称为裂纹。

（4）试件弯曲外表面金属基本上出现明显开裂，其长度大于5 mm，宽度大于0.5 mm，称为裂缝。

（5）试件弯曲外表面出现沿宽度贯穿的开裂，其深度超过试件厚度的1/3，称为裂断。

7. 实验操作视频（详见二维码）

8. 练习题（详见二维码）

3.6.4 钢筋冲击韧性实验

冲击韧性是指材料在冲击载荷作用下吸收塑性变形功和断裂功的能力，反映材料内部的细微缺陷和抗冲击性能。对钢筋冲击性能进行测定可确定试件的冲击韧性参数。

1. 实验目的

掌握冲击韧性的含义；测定钢筋的抗冲击性和破坏断口的形态。

2. 实验原理

用实验方法测定材料的冲击韧性，把材料制成标准试样，置于具有打击能量的冲击实验机上，衡量折断试样的冲击吸收功确定材料的冲击韧性。

3. 主要检测设备

（1）冲击实验机。

（2）游标卡尺。

4. 实验步骤

（1）测量试样的几何尺寸及缺口处的横截面尺寸。

（2）根据材料的冲击韧性选择实验机的摆锤和表盘。

（3）安装试样。冲击实验如图3-30所示。

（4）进行实验。将摆锤举起到高度为H处锁住，然后释放摆锤，冲断试样后，待摆锤扬起到最大高度再回落时，立即刹车，使摆锤停住。

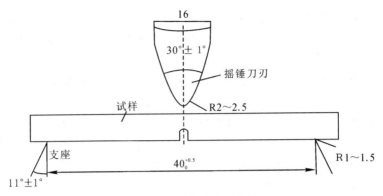

图 3 - 30　冲击实验示意图

（5）记录表盘所示的冲击功 A_{KU} 值。取下试样，观察断口。实验完毕，将实验机复原。

5. 实验结果评定

（1）计算冲击韧性 α_{KU}，按下式计算：

$$\alpha_{KU} = \frac{A_{KU}}{S_0} \tag{3 - 94}$$

式中：A_{KU}——U 型缺口试样的冲击吸收功，J；

　　　S_0——试样缺口处断面面积，cm^2。

（2）观察破坏断口形貌特征。

6. 练习题(详见二维码)

3.6.5　钢筋焊接接头实验

对钢筋焊接接头的拉伸和弯曲性能进行测定可判断试件是否合格。

1. 实验目的及意义

评价焊接工艺是否适当，确定恰当的焊接参数，指导焊工操作。

2. 实验原理

焊接钢筋前，必须根据施工条件进行试焊，合格后方可施焊。焊工必须有焊工考试合格证，并在规定的地点进行焊接操作。

（1）焊接接头拉伸实验。

拉伸实验根据(GB/T 228.1—2010)的要求进行。

除非另有规定，实验应在环境温度为 23℃±5℃条件下进行。

（2）焊接接头弯曲实验。

对从焊接接头截取的横向或纵向试样进行弯曲操作，不改变弯曲方向，通过弯曲发生塑性变形，使焊接接头的表面或横截面发生拉伸变形。

除非另有规定,实验应在环境温度为(23±5)℃的条件下进行。

3. 主要检测设备

(1)拉力实验机或万能实验机〔实验机应符合现行国家标准(GB/T228.1)《金属材料 拉伸实验 第1部分:室温实验方法》中的相关规定〕。

(2)夹紧装置。

4. 实验准备

(1)抗拉实验用钢筋试件不得进行车削加工,可以用两个或一系列等分小冲点或细画线做标记。

(2)原始标距(标记不应影响试样断裂),测量标距长度 Lo(精确至 0.1 mm),计算钢筋强度采用公称横截面积。

5. 实验步骤

(1)抗拉实验的测定。

① 实验前应使用游标卡尺复核钢筋的直径和钢板的厚度。

② 在静拉伸力对试样进行轴向拉伸的过程中,应确保拉伸连续而平稳,加载速率宜为10~30 MPa/s,将试样拉至断裂(或出现缩颈),从测力盘上读取最大力或从拉伸曲线图上确定实验过程中的最大力。

(2)弯曲实验的测定。

① 试样应放在两支点上,使焊缝中心与弯曲压头中心线对准,缓慢地对试样施加荷载,使材料能够自由地塑性变形。

② 当出现争议时,实验速率应为(1±0.2)mm/s,直至达到规定的弯曲角度或出现裂纹(或破断)为止。

③ 压头弯心直径和弯心角度按表3-45规定确定。

表 3 - 45 压头弯心直径和弯心角度

序 号	钢筋级别	弯心直径(D)		弯曲角/°
		$D \leqslant 25/mm$	$d > 25/mm$	
1	Ⅰ	2d	3d	90
2	Ⅱ	4d	5d	90
3	Ⅲ	6d	6d	90
4	Ⅳ	7d	8d	90

6. 实验结果评定

(1)拉伸实验结果评定。

① 抗拉强度按下式计算:

$$R_m = \frac{F_m}{S_0} \tag{3-95}$$

式中:R_m——抗拉强度,MPa;

F_m——最大力,N;

S_0——原始试样的钢筋公称横截面积，mm^2。

② 符合下列条件之一，评定为合格。

a.三个试件均断于钢筋母材，呈延性断裂，其抗拉强度大于或等于钢筋母材抗拉强度标准值。

b.两个试件均断于钢筋母材，呈延性断裂，其抗拉强度大于或等于钢筋母材抗拉强度标准值；另一试件断于焊缝，呈脆性断裂，其抗拉强度大于或等于钢筋母材抗拉强度标准值的1.0倍。

（2）弯曲实验结果评定。

① 弯曲至90°，有两个或三个试件外侧未产生宽度达到0.5 mm的裂纹，应评定该检验批接头弯曲实验合格。

② 弯曲至90°，有两个试件产生宽度达到0.5 mm的裂纹，应进行复验。

③ 弯曲至90°，有三个试件产生宽度达到0.5 mm的裂纹，应评定该检验批接头弯曲实验不合格。

④ 复检时，应切取六个试件进行实验，当不超两个试件产生宽度达到0.5 mm的裂纹，应评定该检验批接头弯曲实验合格。

7. 练习题（详见二维码）

3.7　烧结砖检测

3.7.1　概述

凡以黏土、页岩、煤矸石、粉煤灰、江河淤泥和固体废弃物等为主要原料，经成型且高温焙烧而制成的用于砌筑承重和非承重结构的砖统称为烧结砖。烧结砖按原料不同分为烧结普通黏土砖（N）、烧结粉煤灰砖（F）、烧结煤矸石砖（M）、烧结页岩砖（Y）、淤泥砖（U）、污泥砖（W）、固体废弃物砖（G）、建筑渣土砖（Z）；按孔洞率和孔隙特征分为烧结普通砖、烧结多孔砖、烧结空心砖；按烧结燃料投放方式分为外燃砖和内燃砖；按烧结质量分为正火砖、欠火砖和过火砖；按烧结后的颜色分为红砖和青砖。砖的强度等级分为 MU30、MU25、MU20、MU15、MU10。

本章主要介绍烧结普通砖的性能检测。检测内容有尺寸偏差、外观质量、表观密度、孔隙率、抗折强度、抗压强度、抗风化性能、泛霜、石灰爆裂、吸水率和饱和系数。

烧结砖外观质量检验采用随机抽样法，在每一检验批的产品堆垛中抽取，尺寸偏差检验和其他检验项目的样品用随机抽样法从经外观质量检验合格后的样品中抽取，抽样数量：外观质量50块；欠火砖、酥砖、螺旋纹砖50块；尺寸偏差20块；强度等级10块；泛霜5块；石灰爆裂5块；吸水率和饱和系数5块；冻融5块；放射性2块。

3.7.2　砖尺寸偏差测量

尺寸偏差是指某一尺寸减去公称尺寸所得的代数差。对烧结普通砖尺寸偏差进行测量得出样本平均偏差和样本极差，进而判定样品是否合格。

1. 实验目的及适用范围

用以判断烧结普通砖尺寸偏差是否合格。

本方法适用于烧结普通砖的尺寸偏差测量。

2. 主要检测设备

砖用卡尺(分度值为 0.5 mm)，如图 3 - 31 所示。

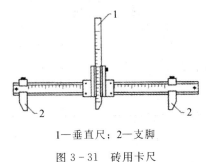

1—垂直尺；2—支脚

图 3 - 31　砖用卡尺

3. 实验准备

检验样品数为 20 块。

4. 实验步骤

砖样的长度和宽度应在砖的两个大面的中间处分别测量两个尺寸，高度应在砖的两个条面的中间处分别测量两个尺寸，若被测处缺损或凸出，可在旁边测量，但应选择不利的一侧进行测量，精度至 0.5 mm。

5. 实验结果

(1) 每一方向的尺寸为两个测量值的算术平均值。

(2) 样本平均偏差是 20 块试样在同一方向的 40 个测量尺寸的算术平均值，减去其公称尺寸的差值；样本极差是抽检的 20 块试样在同一方向的 40 个测量尺寸中，最大测量值与最小测量值之差值。

6. 实验结果判定

尺寸偏差应符合表 3 - 46 中的规定，否则判定不合格。

表 3 - 46　尺寸偏差　　　　　　　　　　　　　　　　　　单位：mm

公称尺寸	指　标	
	样本平均偏差	样本极差
240	±2.0	≤6.0
115	±1.5	≤5.0
53	±1.5	≤4.0

7. 实验操作视频(详见二维码)

8. 练习题(详见二维码)

3.7.3 砖外观质量检查

对烧结普通砖的缺损、裂纹、弯曲、杂质凸出高度、色差等外观质量进行检查,进而判定样品是否合格。

1. 实验目的及适用范围

用以判断烧结普通砖外观质量是否合格。

本方法适用于烧结普通砖的外观质量检查。

2. 主要检测设备

(1)砖用卡尺:分度值为 0.5 mm;

(2)钢直尺:分度值不应大于 1 mm。

3. 实验准备

检验样品数为 50 块。

4. 实验步骤

(1)缺损:缺棱掉角砖的破坏程度,以破损部分对长、宽和高三条棱的投影尺寸来度量,称为破坏尺寸;缺损造成的破坏面,是指缺损部分对条、顶面的投影面积。如图 3-32、3-33 所示。

(2)裂纹:分为长度方向、宽度方向和高度方向三种,以被测方向上的投影长度表示。如图 3-34 所示。

(3)弯曲:分别在大面和条面上测量,测量时将砖用卡尺的两支脚沿棱边两端放置,择其弯曲最大处将垂直尺推至砖面,但不应将杂质或碰伤造成的凹陷计算在内,以弯曲测量中测得的较大者作为测量结果。如图 3-35 所示。

(4)砖杂质凸出高度量法:杂质在砖面上造成的凸出高度,以杂质距砖面的最大距离计量。测量时将砖用卡尺的两支脚置于杂质凸出部分两侧的砖平面上,以垂直尺测量。如图 3-36 所示。

(5)色差:装饰面朝上随机分两排并列,在自然光下距离砖样 2 m 处目测。

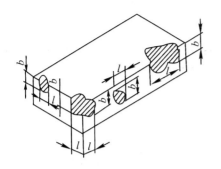

L—长度方向的投影尺寸
b—宽度方向的投影尺寸
d—高度方向的投影尺寸

图 3 - 32　缺损掉角破坏尺寸

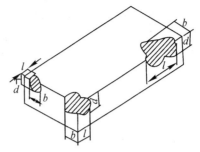

L—长度方向的投影尺寸
b—宽度方向的投影尺寸

图 3 - 33　缺损在条、顶面上造成破坏面

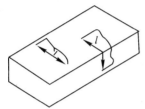

（a）宽度方向裂纹长度量法　　（b）长度方向裂纹长度量法　　（c）水平方向裂纹长度

图 3 - 34　缺损掉角破坏尺寸

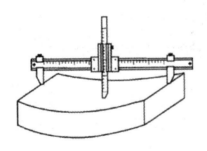

图 3 - 35　弯曲量法

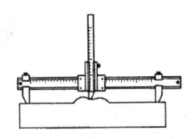

图 3 - 36　杂质凸出量法

5. 实验结果表示

外观测量以 mm 为单位，不足 1 mm 者均按 1 mm 计。

6. 实验结果判定

外观质量采用(JC/T466)中的二次抽样方案，根据表 3 - 47 规定的质量指标，检查出不合格品数 d_1，按下列规定判定：

$d_1 \leqslant 7$ 时，外观质量合格；

$d_1 \geqslant 11$ 时，外观质量不合格。

$d_1 > 7$，且 $d_1 < 11$ 时，需再次从该产品批次中抽样 50 块检验，检查出不合格品数 d_2，按下列规定判定：

$(d_1+d_2) \leqslant 18$ 时，外观质量合格；

$(d_1+d_2) \geqslant 19$ 时，外观质量不合格。

表 3 – 47　外观质量　　　　　　　　　　　　　　单位：mm

项　目	指　标
两条面高度差	$\leqslant 2$
弯曲	$\leqslant 2$
杂质凸出高度	$\leqslant 2$
缺棱掉角的三个破坏尺寸	不得同时大于 5
裂纹长度	
a. 大面上宽度方向及其延伸至条面的长度	$\leqslant 30$
b. 大面上长度方向及其延伸至顶面的长度或条顶面上水平裂纹的长度	$\leqslant 50$
完整面	不得少于一条面和一顶面

注：未砌筑挂浆面施加的凹凸纹、槽、压花等不算作缺陷。

凡有下列缺陷之一者，不得称为完整面：

(1) 缺损在条面或顶面上造成的破坏面尺寸同时大于 10 mm×10 mm。

(2) 条面或顶面上裂纹宽度大于 1 mm，其长度超过 30 mm。

(3) 压陷、粘底、焦花在条面或顶面上的凹陷或凸出超过 2 mm，区域尺寸同时大于 10 mm×10 mm。

7. 练习题(详见二维码)

3.7.4　砖体积密度实验

体积密度是指在包含实体积、开口和密闭孔隙的状态下单位体积的质量。通过对烧结普通砖体积密度进行测定确定砖的体积密度参数。

1. 实验目的及适用范围

用以确定砖体积密度参数。

本方法适用于烧结普通砖的体积密度实验。

2. 主要检测设备

(1) 游标卡尺：精度为 0.1 mm。

(2) 天平：感量为 0.1 g。

(3) 鼓风烘箱：最高温度 200℃。

(4) 干燥器、直尺等。

3. 实验准备

将试样放入 105~110℃的烘箱中烘至恒重(干燥过程中，前后两次称量相差不超过

0.2%,前后两次称量时间间隔 2 h),取出置于干燥器中冷却至室温,称其质量,并检查外观质量,不得有缺损、掉角等破损,如有破损,需重新换取试样。

4. 实验步骤

(1)用游标卡尺量出试样尺寸,试样为正方体或平行六面体时,以每边测量上、中、下三次的算术平均值为准,并计算出体积 V_0。

(2)用天平称量出试样的质量 m。

5. 实验结果计算

材料的体积密度(表观密度)按下式计算:

$$\rho_0 = \frac{m}{V_0} \tag{3-96}$$

式中:ρ_0——材料的体积密度,kg/m^3;

$\quad\quad m$——试样的质量,kg;

$\quad\quad V_0$——试样的体积,m^3。

6. 练习题(详见二维码)

3.7.5　砖抗折强度实验

砖的抗折强度是指弯曲时,砖的垂直向截面上单位面积所能承受的最大应力。对烧结普通砖抗折强度进行测定可确定砖的抗折强度参数,进而评定砖的强度等级。

1. 实验目的及适用范围

掌握烧结砖抗折强度实验方法,为评定砖强度等级提供依据。

2. 主要检测设备

(1)材料实验机:实验机的示值相对误差不超过±1%,下加压板应为球纹支座,预期最大破坏荷载应在量程的 20~80% 之间。

(2)抗折夹具:抗折实验的加荷方式为三点加荷,上压辊和下支辊的曲率半径为 15 mm,下支辊应有一个为铰接固定。

(3)钢直尺:分度值为 1 mm。

3. 实验准备

(1)试样数量为 10 块。

(2)试样应放在温度为(20±5)℃的水中浸泡 24 小时后取出,用湿布拭去表面水分进行抗折强度实验。

4. 实验步骤

(1)测量试样的宽度和高度尺寸各二个,分别取算术平均值,精确至 1 mm。

(2)调整抗折夹具下支辊的跨距为砖规格长度减去 40 mm,对于规格长度为 190 mm

的砖，其跨距为 160 mm。

（3）将试样大面平放在下支辊上，试样两端面与下支辊的距离应相同，当试样有裂缝或凹陷时，应使有裂缝或凹陷的大面朝下，以 50～150 N/s 的速率均匀加荷，直至试样断裂，记录最大破坏荷载 P。

5. 实验结果计算

每块试样的抗折强度按下式计算（精确至 0.01 MPa）：

$$R_c = \frac{3PL}{2BH^2} \qquad\qquad (3-97)$$

式中：R_c——抗折强度，MPa；

P——最大破坏荷载，N；

L——跨距，mm；

B——试样宽度，mm；

H——试样高度，mm。

6. 结果评定

实验结果以试样抗折强度的算术平均值和单块试样的最小值表示（精确至 0.01 MPa）。

7. 练习题（详见二维码）

3.7.6　砖抗压强度实验

抗压强度是指外力施加压力时的强度极限。通过对烧结普通砖的抗压强度进行测定，确定砖的抗压强度参数，进而评定砖的强度等级。

1. 实验目的及适用范围

掌握烧结普通砖的抗压强度测定方法，作为评定砖强度等级的依据。

2. 主要检测设备

（1）材料实验机：实验机的示值相对误差不超过±1％，上、下加压板至少应有一个球铰支座，预期最大破坏荷载应在量程的 20～80％之间。

（2）钢直尺：分度值不应大于 1 mm。

（3）振动台、制样模具、搅拌机：应符合（GB/T 25044）的要求。

（4）切割设备。

（5）抗压强度实验用净浆材料应符合（GB/T 25183）的要求。

3. 实验准备

（1）试样数量。

试样数量为 10 块。

（2）试样制备（一次成型）。

① 将试样锯成两个半截砖，两个半截砖叠合部分的长度不得小于 100 mm。

② 将已割开的半截砖放入室温的净水中浸 20～30 min 后取出，在铁丝网架上滴水 20～30 min，按断口相反方向装入制作模具中。用插板控制两个半砖的间距不应大于 5 mm，砖大面与模具间距不应大于 3 mm，砖断面、顶面与模具间垫以橡胶垫或其他密封材料，模具内表面涂油或脱模剂。

③ 将净浆材料按照配置要求置于搅拌机中搅拌均匀。

④ 将装好试样的模具置于振动台上，加入适量搅拌均匀的净浆材料，振动时间为 0.5～1 min，停止振动，静置至净浆材料达到初凝时间(约 15～19 min)后拆模。

⑤ 试件置于不低于 10℃的不通风室内养护 4 h。

4. 实验步骤

(1) 测量每个试样连接面或受压面的长、宽尺寸各两个，分别取其算术平均值，精确至 1 mm。

(2) 将试件平放在加压板的中央，垂直受压面加荷，操作应均匀平稳，不得产生冲击或振动。加荷速率以 2～6 kN/s 为宜，直至试件破坏为止，记录最大破坏荷载 P。

5. 实验结果计算与评定

(1) 每块试样的抗压强度按下式计算：

$$R_p = \frac{P}{L \times B} \tag{3-98}$$

式中：R_p——抗压强度，MPa；

P——最大破坏荷载，N；

L——试件受压面(连接面)的长度，mm；

B——试件受压面(连接面)的宽度，mm。

(2) 抗压强度标准值按下式计算：

$$f_k = \overline{f} - 1.8S \tag{3-99}$$

$$S = \sqrt{\frac{1}{9} \sum_{i=1}^{10} (f_i - \overline{f})^2} \tag{3-100}$$

式中：f_k——强度标准值，MPa(精确至 0.1)；

S——10 块试样的抗压强度标准差，MPa(精确至 0.01)；

$\overline{f}$——10 块试样的抗压强度平均值，MPa(精确至 0.1)；

f_i——单块试样的抗压强度值，MPa(精确至 0.01)。

(3) 按表 3-48 中抗压强度平均值 $\overline{f}$ 和强度标准值 f_k 评定砖的强度等级。

表 3-48　强度等级　　　　　　　　　　　单位：MPa

强度等级	抗压强度平均值 $\overline{f}$	强度标准值 f_k
MU30	≥30.0	≥22.0
MU25	≥25.0	≥18.0
MU20	≥20.0	≥14.0
MU15	≥15.0	≥10.0
MU10	≥10.0	≥6.5

6. 实验操作视频(详见二维码)

7. 练习题(详见二维码)

3.7.7 砖的抗风化性能实验

抗风化是指能抵抗干湿变化、冻融变化等气候作用的性能。通过对烧结普通砖的抗风化性能进行测定可判定样品是否合格。

1. 实验目的及意义

掌握砖抗风化性能的测定方法,为砖的等级评判提供依据。

2. 主要检测设备

(1) 冻融实验设备。

① 低温箱或冷冻箱:温度可调至−20℃或−20℃以下。

② 水槽:水温 10~20℃为宜。

③ 台秤:分度值不大于 5 g。

④ 电热鼓风干燥箱:最高温度 200℃。

⑤ 抗压强度实验设备(同 3.7.6)。

(2) 吸水率和饱和系数实验设备。

① 鼓风干燥箱:最高温度 200℃。

② 台秤:分度值不大于 5 g。

③ 蒸煮箱。

3. 实验准备

(1) 冻融实验。

试样数量为十块,其中五块用于冻融实验,五块用于未冻融强度对比实验。

(2) 吸水率和饱和系数实验。

吸水率实验的试样数量为五块,用于饱和系数实验的试样数量为五块(试样尽可能取用整块,如有其他要求可为整块试样的 1/2 或 1/4)。

4. 实验步骤

(1) 冻融实验。

① 用毛刷清理试样表面,将试样放入鼓风干燥箱中,在(105±5)℃下干燥至恒质,干燥过程中,前后两次称量相差不超过 0.2%,前后两次称量时间间隔 2 h,称其质量 m_0,并

检查外观，对缺棱掉角和裂纹做标记。

② 将试样浸在 10～20℃ 的水中，24 h 后取出，用湿布拭去表面水分，按大于 20 mm 的间距大面侧向立放于预先降温至 -15℃ 以下的冷冻箱中。

③ 当箱内温度再降至 -15℃ 时开始计时，在 -15～20℃ 下冰冻，烧结砖冻 3 h。然后取出放入 10～20℃ 的水中融化，烧结砖为 2 h。如此为一次冻融循环。

④ 每做 5 次冻融循环，检查一次冻融过程中出现的破坏情况，如冻裂、缺棱、掉角、剥落等。冻融循环后，检查并记录试样在冻融过程中的冻裂长度、缺棱掉角、剥落等破坏情况。

⑤ 将冻融循环后的试样放入鼓风干燥箱中，按①的操作干燥至恒质，称其质量 m_1。

⑥ 若在试件冻融过程中，发现试件被明显破坏，应停止本组样品的冻融实验，并记录冻融次数，判定本组样品冻融实验不合格。

⑦ 干燥后的试样和未经冻融试样的强度对比按 3.7.6 的规定进行抗压强度实验，得到数据 P_1 和 P_0。

（2）吸水率和饱和系数实验。

① 清理试样表面，然后置于(105±5)℃鼓风干燥箱中干燥至恒量(干燥过程中，前后两次称量相差不超过 0.2%，前后两次称量时间间隔 2 h)除去粉尘后，称其干质量 m_0。

② 将干燥试样浸水 24 h，水温 10～30℃。

③ 取出试样，用湿毛巾拭去表面水分，立即称量。称量时试样表面的毛细孔渗出水的质量亦应计入吸水质量，所得质量为浸泡 24 h 的湿质量 m_{24}。

④ 将浸泡 24 h 后的湿试样侧立放入蒸煮箱的板上，试样间距不得小于 10 mm，注入箱内水的水面应高于试样表面 50 mm，加热至沸腾，沸煮 3 h，饱和系数实验沸煮 5 h，停止加热冷却至常温。

⑤ 吸水率实验称量沸煮 3 h 的湿质量 m_3，饱和系数实验称量沸煮 5 h 的湿质量 m_5。

5. 实验结果计算与评定

（1）冻融实验。

① 外观结果：冻融循环结束后，检查并记录试样在冻融过程中的冻裂长度、缺棱掉角和剥落等破坏情况。

② 强度损失率(P_m)按下式计算：

$$P_m = \frac{P_0 - P_1}{P_0} \times 100\% \qquad (3-101)$$

式中：P_m——强度损失率，%；

　　　P_0——试样冻融前强度，MPa；

　　　P_1——试样冻融后强度，MPa。

③ 质量损失率(G_m)按下式计算：

$$G_m = \frac{m_0 - m_1}{m_0} \times 100\% \qquad (3-102)$$

式中：G_m——质量损失率，%；

　　　m_0——试样冻融前干质量，kg；

　　　m_1——试样冻融后干质量，kg。

④ 实验结果以试样冻后抗压强度或抗压强度损失率，冻后外观质量或质量损失率表示并评定。

（2）吸水率和饱和系数实验

① 常温水浸泡 24 h 试样吸水率（W_{24}）按下式计算（精确至 0.1%）：

$$W_{24} = \frac{m_{24} - m_0}{m_0} \times 100\%$$ （3 - 103）

式中：W_{24}——常温水浸泡 24 h 试样吸水率，%；

　　　　m_0——试样干质量，g；

　　　　m_{24}——试样浸水 24 h 的湿质量，g。

② 试样沸煮 3 h 吸水率（W_3）按下式计算，精确至 0.1%：

$$W_3 = \frac{m_3 - m_0}{m_0} \times 100\%$$ （3 - 104）

式中：W_3——试样沸煮 3 h 吸水率，%；

　　　　m_3——试样沸煮 3 h 的湿质量，g；

　　　　m_0——试样干质量，g。

③ 每块试样的饱和系数（K）按下式计算，精确至 0.001：

$$K = \frac{m_{24} - m_0}{m_5 - m_0} \times 100\%$$ （3 - 105）

式中：K——试样饱和系数；

　　　　m_{24}——试样浸水 24 h 的湿质量，g；

　　　　m_0——试样干质量，g；

　　　　m_5——试样沸煮 5 h 的湿质量，g。

④ 吸水率以试样的算术平均值表示（精确至 1%）；饱和系数以试样的算术平均值表示（精确至 0.01）。

（3）抗风化性能应符合下列规定，否则判不合格。

① 风化区的划分见表 3 - 49。

表 3 - 49　风化区划分

严重风化区		非严重风化区	
1. 黑龙江省	11. 河北省	1. 山东省	11. 福建省
2. 吉林省	12. 北京市	2. 河南省	12. 台湾省
3. 辽宁省	13. 天津市	3. 安徽省	13. 广东省
4. 内蒙古自治区	14. 西藏自治区	4. 江苏省	14. 广西壮族自治区
5. 新疆维吾尔自治区		5. 湖北省	15. 海南省
6. 宁夏回族自治区		6. 江西省	16. 云南省
7. 甘肃省		7. 浙江省	17. 上海市
8. 青海省		8. 四川省	18. 重庆市
9. 陕西省		9. 贵州省	
10. 山西省		10. 湖南省	

② 严重风化区中的 1、2、3、4、5 地区的砖应进行冻融实验，其他地区砖的抗风化性能在符合表 3 - 50 规定的情况下可不做冻融实验，否则应进行冻融实验。

表 3 - 50 抗风化性能

砖种类	严重风化区				非严重风化区			
	5 h 沸煮吸水率/%		饱和系数		5 h 沸煮吸水率/%		饱和系数	
	平均值	单块最大值	平均值	单块最大值	平均值	单块最大值	平均值	单块最大值
黏土砖、建筑渣土砖	18	20	0.85	0.87	19	20	0.88	0.90
粉煤灰砖	21	23			23	25		
页岩砖	16	18	0.74	0.77	18	20	0.78	0.80
煤矸石砖								

③ 15 次冻融实验后，每块砖样不能出现分层，掉皮，缺棱，掉角等冻坏现象；冻后裂纹长度不得大于表 3 - 47 中第 5 项裂纹长度的规定。

6. 实验结果评定

抗风化性能应符合表 3 - 50 的规定，否则判不合格。

7. 练习题(详见二维码)

3.7.8 砖的泛霜实验

泛霜是指黏土原料中的可溶性盐(如硫酸钠等)，随着砖内水分蒸发在砖表面发生的盐析现象，一般为白色粉末，常在砖表面形成絮团状斑点。对烧结普通砖泛霜现象进行记录可确定样品等级，进而判定样品是否合格。

1. 实验目的及适用范围

掌握砖的泛霜检测方法，本方法适用于烧结普通砖的泛霜性能测定。

2. 主要检测设备

(1) 鼓风干燥箱：最高温度 200℃。

(2) 耐磨耐腐蚀的浅盘：容水深度 25～35 mm。

(3) 透明材料：能完全覆盖浅盘，中间部位开有大于试样宽度、高度或长度尺寸 5～10 mm 的矩形孔。

(4) 温、湿度计。

3. 实验准备

试样数量为 5 块。

4. 实验步骤

(1) 清理试样表面，然后放入(105±5)℃鼓风干燥箱中干燥 24 h，取出冷却至常温。

(2) 将试样顶面或有孔洞的面朝上分别置于浅盘中，往浅盘中注入蒸馏水，水面高度不低于 20 mm。用透明材料覆盖在浅盘上，并将试样暴露在外面，记录时间。

(3) 试样浸在盘中的时间为 7 d，开始 2 d 内经常加水以保持盘内水面高度，以后保持浸在水中即可。实验过程中要求环境温度为 16～32℃，相对湿度 35～60%。

(4) 7 d 后取出试样，在同样的环境条件下放置 4 d。然后在(105±5)℃鼓风干燥箱中干燥至恒重，取出冷却至常温，记录干燥后的泛霜程度。

5. 实验结果评定

(1) 泛霜程度根据记录以最严重者表示。

(2) 泛霜程度划分如下：

无泛霜：试样表面的盐析几乎看不到；

轻微泛霜：试样表面出现一层细小明显的霜膜，但试样表面仍清晰；

中等泛霜：试样部分表面或棱角出现明显霜层；

严重泛霜：试样表面出现起砖粉、掉屑及脱皮现象；

(3) 泛霜实验结果应符合下列相应等级规定，否则判不合格。

等级划分如下：

① 优等品：无泛霜。

② 一等品：不允许出现中等泛霜。

③ 合格品：不允许出现严重泛霜。

6. 练习题(详见二维码)

3.7.9　砖的石灰爆裂实验

石灰爆裂是指当砖中夹杂有石灰石时，砖吸收水分后，由于石灰逐渐熟化膨胀而发生的爆裂现象。通过对烧结普通砖的石灰爆裂现象进行记录可确定样品等级，进而判定样品是否合格。

1. 实验目的及适用范围

掌握砖的石灰爆裂检测方法，本方法适用于烧结普通砖的石灰爆裂性能测定。

2. 主要检测设备

(1) 蒸煮箱。

(2) 钢直尺：分度值为 1 mm。

3. 实验准备

(1) 试样数量为 5 块，所取试样应未经雨淋或浸水，且为近期生产的外观完整的试样。

砖样，数量按产品标准要求确定。

(2) 实验前检查每块试样，对不属于石灰爆裂的外观缺陷做标记。

4. 实验步骤

(1) 将试样平行侧立于蒸煮箱内的板上，试样间隔不得小于 50 mm，箱内水面应低于板 40 mm。

(2) 加盖蒸 6 h 后取出。

(3) 检查每块试样上因石灰爆裂而造成的外观缺陷，记录其尺寸。

5. 实验结果评定

以试样石灰爆裂区域的尺寸最大者表示，精确至 1 mm。石灰爆裂结果应符合下列相应等级的规定，判断石灰爆裂等级。否则判不合格。

等级划分如下：

(1) 优等品：不允许出现最大破坏尺寸大于 2 mm 的爆裂区域。

(2) 一等品：① 最大破坏尺寸大于 2 mm 且小于等于 10 mm 的爆裂区域，每组砖样不得多于 15 处。② 不允许出现最大破坏尺寸大于 10 mm 的爆裂区域。

(3) 合格品：① 最大破坏尺寸大于 2 mm 且小于等于 15 mm 的爆裂区域，每组砖样不得多于 15 处，其中大于 10 mm 的爆裂区域不得多于 7 处。② 不允许出现最大破坏尺寸大于 15 mm 的爆裂区域。

6. 练习题(详见二维码)

3.8　沥青性能检测

3.8.1　概述

沥青是较为复杂的高分子碳氢化合物及非金属(氧、硫、氮)衍生物所组成的混合物，具有流变特性。它的流动和变形不仅与应力有关。还与时间和温度有关。沥青具有不透水，不导电，耐酸、碱、盐的腐蚀，黏结性、塑性良好等特点，因此在土木工程中，沥青材料被广泛应用于结构防水和木材、钢材的防腐项目，在道路工程中，沥青也是一种常见的路面结构胶材料。沥青材料质量的好坏直接影响到防水防腐效果以及公路沥青路面的施工质量，所以在使用沥青材料前一定要对沥青的物理和化学性质做全面的质量检测。

沥青的针入度、软化点和延度，被称为沥青的三大技术指标，沥青的安全性指标为沥青的闪点和燃点，闪点和燃点的高低表明沥青引起火灾或爆炸的可能性大小，这关系到沥青在运输、储存和使用安全等方面的问题。

检测依据(JTG E20—2011)《公路工程沥青及沥青混合料实验规程》、(JTG F40—2004)《公路沥青路面施工技术规范》、(T 0602—2011)《沥青试样准备方法》。

沥青试样在实验前的准备方法：适用于黏稠道路施工的石油沥青、煤沥青等需要加热后才能进行实验的试样，按此法准备的沥青应立即在实验室进行各项实验。每个样品的数量根据需要决定，常规测定不宜少于 600 g。

1. 取样仪器

烘箱：能达到 200℃且装有温度控制调节器。

加热炉具：加热套。

滤筛：筛孔孔径 0.6 mm。

沥青盛样器皿：金属锅或瓷坩埚。

烧杯：容量为 1 000 mL。

温度计：量程 0～100℃或 200℃，分度值 0.1℃。

天平：称量 2 000 g，感量不大于 1 g 或称量 100 g，感量不大于 0.1 g。

其他：玻璃棒、溶剂、棉纱等。

2. 方法与步骤

将装有试样的盛样器带盖放入恒温烘箱中，当石油沥青试样含有水分时，烘箱温度在80℃左右，加热至沥青全部熔化后供脱水用。当石油沥青中无水分时，烘箱温度宜在软化点温度以上 90℃，通常为 135℃左右，对沥青试样不得使用电炉或煤气炉直接明火加热。

当石油沥青试样中含有水分时，将盛样器皿放在可控温的砂浴、油浴、电热套上加热脱水，不得已使用电炉、煤气炉加热脱水时必须加放石棉垫，时间不超过 30 min，并用玻璃棒轻轻搅拌，防止局部过热。在沥青温度不超过 100℃的条件下，仔细脱水至无泡沫为止，最后的加热温度不超过软化点以上 100℃（石油沥青）或 50℃（煤沥青）。

将盛样器中的沥青通过 0.6 mm 的滤筛过滤，不等冷却立即一次性灌入实验模具中。根据需要也可将试样分装入擦拭干净并干燥过的一个或数个沥青盛样器中，应满足一批实验项目所需的沥青样品数量并有略富余。

在沥青灌模过程中如温度下降可放入烘箱中适当加热，试样冷却后反复加热的次数不得超过二次，以防沥青老化影响实验结果。注意在沥青灌模时不得反复搅动沥青，以避免混进气泡。

灌模剩余的沥青应立即清洗干净并不得重复使用。

3.8.2　沥青针入度实验

沥青针入度是沥青的主要质量指标，表示沥青的软硬程度、稠度、抵抗剪切破坏的能力，是反映在一定条件下的沥青相对黏度指标。沥青针入度可作为划分沥青型号的依据。

1. 实验目的与适用范围

掌握沥青针入度测试的方法。本方法适用于测定道路石油沥青、聚合物改性沥青的针入度，以及液体石油沥青蒸馏或乳化后残留物的针入度，以 0.1 mm 计。其标准实验条件为温度 25℃，荷重 100 g，贯入时间 5 s。

针入度是反映沥青黏滞性的指标，沥青针入度是划分沥青型号的依据。

2. 实验原理

以标准针在一定的荷重、时间及温度条件下垂直贯入沥青试样的深度来表示，单位为

1/10 mm。标准实验条件为温度 25℃，荷重 100 g，贯入时间 5 s。

3. 实验仪器

（1）针入度仪。

针入度仪的上部有针体释放器，释放器可控制标准针与针杆的下落，还装有直读数字表，针入度值可以从数字表上直接读出，位移精度 0.01 mm。

下部主要有底座、面板、时间数显表和电器开关，底座上放置平底玻璃皿，内有不锈钢支架。底座下装有三只调平丝用以仪器水平的调整。

（2）标准针。

标准针由硬化回火的不锈钢制成，洛氏硬度 HRC 为 54～60，表面粗糙度 Ra 为 0.2～0.3 μm，针及针杆总质量(2.5 ±0.05)g。针应配有固定用装置盒(筒)，以免碰撞针尖。

（3）盛样皿。

盛样皿由金属制成，圆柱形平底。小盛样皿的内径 55 mm，深 35 mm(适用于针入度小于 200 的试样)；大盛样皿内径 70 mm，深 45 mm(适用于针入度为 200～350 的试样)；对于针入度大于 350 的试样需使用特殊盛样皿，深度不小于 60 mm，试样体积不小于 125 mL。

（4）恒温水槽：控温的准确度为 0.1℃。水槽中应设有一带孔的搁架，水面下高度不得少于 100 mm，距水槽底不得少于 50 mm。

（5）盛样皿盖：平板玻璃，直径不小于盛样皿开口尺寸。

（6）溶剂：三氯乙烯等。

（7）其他：电炉或砂浴、石棉网、金属锅或瓷坩埚等。

4. 方法与步骤

（1）按 1.8.1 节方法准备沥青试样。

（2）按要求将恒温水槽调节到实验温度 25℃，保持稳定。

（3）将试样注入盛样皿中，试样高度应超过预计针入度值 10 mm，盖上盛样皿，以防落入灰尘。盛有试样的盛样皿在 15～30℃室温中冷却不少于 1.5 h(小盛样皿)，2 h(大盛样皿)或 3 h(特殊盛样皿)后，移入保持规定实验温度±0.1℃的恒温水槽中保温不少于 1.5 h(小盛样皿)、2 h(大试样皿)或 2.5 h(特殊盛样皿)。

（4）调整针入度仪使之水平。检查针连杆和导轨，确认无水和其他外来物。用三氯乙烯或其他溶剂清洗标准针并拭干，将标准针插入针连杆，用螺丝固紧。

（5）取出达到实验温度的盛样皿，移入水温控制在实验温度±0.1℃(可用恒温水槽中的水)的平底玻璃皿中的支架上，试样表面以上的水层深度不少于 10 mm。

（6）将盛有试样的平底玻璃皿置于针入度仪的平台上，慢慢放下针连杆，用灯光反射观察，使针尖恰好与试样表面接触。调节刻度盘或深度指示器的指针至零。

（7）按下释放按钮，标准针贯入试样开始计时，至 5 s 自动停止。

（8）使刻度盘拉杆与针连杆顶端接触，读取刻度盘指针读数，准确至 0.01 mm。

（9）同一试样平行实验至少三次，各测试点之间与盛样皿边缘的距离不应少于 10 mm。

（10）每次实验后应将盛有盛样皿的平底玻璃皿放入恒温水槽，使平底玻璃皿中水温保持实验温度。每次实验应换一根干净标准针或将标准针取下，用蘸有三氯乙烯溶剂的棉花或布揩净，再用干棉花或布擦干。

(11) 测定针入度大于 200 的沥青试样，至少用三支标准针，每次实验后将针留在试样中，直至三次平行实验完成后，才能将标准针取出。

(12) 实验完毕后，将仪器及配件清洁干净并切断电源。

5. 实验结果计算

若同一试样三次平行实验结果的最大值和最小值之差在允许偏差范围内，计算三次实验结果的平均值，取整数作为针入度实验结果，以 0.1 mm 为单位，见表 3-51 所示。

表 3-51 针入度结果

针入度(0.1 mm)	允许差值(0.1 mm)
0～49	2
50～149	4
150～249	12
250～500	20

当实验结果不符合此要求时，应重新进行实验。

当实验结果小于 50(0.1 mm)时，重复性实验允许差为 2(0.1 mm)，再现性实验允许差为 4(0.1 mm)。

当实验结果大于或等于 50(0.1 mm)时，重复性实验允许差为平均值的 4%，再现性实验允许误差为平均值的 8%。

6. 注意事项

标准针应与沥青试样表面刚好接触但不刺破沥青面为宜，如刺破则需要重新找点进行实验。

在沥青灌模时应避免混入气泡。

当改性沥青中无水分时，烘箱温度宜为软化点温度以上 90℃，通常为 170℃左右。

利用三氯乙烯清洗试模时必须开启通风柜进行通风并佩戴带防毒面罩。

7. 实验操作视频(详见二维码)

8. 练习题(详见二维码)

3.8.3　沥青延度实验

延度是判定沥青塑性的重要指标，延度越大，表明沥青的塑性越好。通过沥青的延度可以评价黏稠沥青的塑性变形能力。

1. 实验目的与适用范围

掌握沥青延度的测试方法。本方法适用于测定道路石油沥青、聚合物改性沥青、液体石油沥青蒸馏残留物和乳化沥青蒸发残留物等材料的延度。沥青延度的实验温度与拉伸速率可根据要求选择，通常采用的实验温度为 25℃、15℃、10℃或5℃（道路石油沥青一般用 15℃），拉伸速率为(5±0.25)cm/min，当低温采用(1±0.5)cm/min 的拉伸速率时，应在报告中注明。

测定沥青的延度，可以评价黏稠沥青的塑性变形能力。

2. 实验原理

沥青延度是规定形状的试样在规定温度条件下，以规定拉伸速率拉至断开时的长度，以 cm 表示。

沥青延度的实验温度与拉伸速率可根据要求选择，通常采用的实验温度为 25℃、15℃、10℃或5℃（道路石油沥青一般用 15℃），拉伸速率为(5±0.25)cm/min。当低温采用(1±0.5)cm/min 拉伸速率时，应在报告中注明。

3. 实验仪器

(1) 延度仪：延度仪的测量长度不宜大于 150 cm。将试件浸没于水中，使用能保持规定的实验温度及按照规定拉伸，且实验时无明显振动的延度仪。

(2) 试模：试模为黄铜制成，由两个端模和两个侧模组成。

(3) 试模底板：底板为玻璃板、磨光的铜板或不锈钢板。

(4) 恒温水槽：容量不少于 10 L，控制温度的准确度 0.1℃，水槽中应设有带孔搁架，搁架距水槽边缘不得少于 50 mm，试件没入水中深度不小于 100 mm。

(5) 温度计量程为 0~50℃，分度为 0.1℃。

(6) 砂浴或其他加热炉具。

(7) 甘油滑石粉隔离剂（甘油与滑石粉的质量比 2∶1）。

(8) 其他：平刮刀、石棉网、酒精、食盐等。

4. 方法与步骤

(1) 将隔离剂拌和均匀，涂于清洁干燥的试模底板和两个侧模的内侧表面，并将试模在试模底板上装妥。

(2) 按 1.8.1 节方法准备沥青试样。然后将试样仔细自试模的一端至另一端往返数次缓缓注入模中，最后略高出试模，灌模时应注意勿使气泡混入。

(3) 试件在室温冷却不少于 1.5 h，然后用热刮刀刮除高出试模的沥青，使沥青面与试模面齐平。沥青的刮法应自试模的中间刮向两端，且表面应刮得平滑。将试模连同底板再浸入规定实验温度的水槽中 1.5 h。

(4) 检查延度仪延伸速度是否符合规定要求，然后移动滑板使其指针正对标尺的零点。将延度仪注水，并保温达实验温度±0.1℃。

（5）将达到规定温度后的试件连同底板移入延度仪的水槽中，然后将盛有试样的试模自玻璃板或不锈钢板上取下，将试模两端的孔分别套在滑板及槽端固定板的金属柱上，并取下侧模。水面距试件表面应不小于 25 mm。

（6）开动延度仪，并注意观察试样的延伸情况。此时应注意，在实验过程中，水温应始终保持在实验温度规定范围内，且仪器不得有振动，水面不得有晃动，当水槽使用循环水时，应暂时中断循环，停止水流流动。

（7）在实验中，如发现沥青细丝浮于水面或沉入槽底时，应在水中加入酒精或食盐，调整水的密度与试样相近，再重新实验。

（8）试件拉断时，读取指针所指标尺上的读数，以厘米表示，在正常情况下，试件延伸时应呈锥尖状，拉断时实际断面接近于零。如不能得到这种结果，应在报告中注明。

5. 实验结果计算

同一试样，每次平行实验不少于三个，如三个测定结果均大于 100 cm，实验结果记作"＞100 cm"，如有特殊需要也可分别记录实测值。如三个测定结果中，有一个以上的测定值小于 100 cm 时，且最大值或最小值与平均值之差满足重复性实验精密度要求，则取三个测定结果的算术平均值的整数作为延度实验结果。若平均值大于 100 cm，记作"＞100 cm"。若最大值或最小值与平均值之差不符合重复性实验精密度要求，实验应重新进行。

当实验结果小于 100 cm 时，重复性实验的允许差为平均值的 20%；复现性实验的允许差为平均值的 30%。

6. 注意事项

试模内隔离剂涂抹均匀，不可过多。

浇样均匀往复数次浇注。

刮模前应用抹布快速吸干试样表面水分，刮刀温度适中，刮膜不可用力过猛。

当沥青丝很细时应及时关闭水循环，如沥青丝上浮或下沉应添加酒精或食盐调整水的密度后重新进行实验。

7. 实验操作视频（详见二维码）

8. 练习题（详见二维码）

3.8.4 沥青软化点实验

沥青软化点是指沥青试件受热软化下垂时的温度。不同沥青有不同的软化点，工程用沥青的软化点不能太低或太高，否则夏季会融化，冬季会脆裂且不易于施工。测定沥青的软化点可以判定沥青黏度、高温稳定性和感温性。

1. 实验目的与适用范围

掌握沥青软化点的测试方法。本方法适用于测定道路石油沥青、聚合物改性沥青的软化点，也适用于测定液体石油沥青、煤沥青蒸馏残留物或乳化沥青蒸发残留物的软化点。

2. 实验原理

沥青的软化点是试样在规定尺寸的金属环内，上置规定尺寸和重量的钢球，放于水(5℃)或甘油(32.5℃)中，以(5±0.5)℃/min速率加热，以钢球下沉规定距离(25.4 cm)时的温度表示。

3. 实验仪器

(1) 软化点实验仪。

包括下列部件：

钢球：直径9.53 mm，质量(3.5±0.05)g。

试样环：黄铜或不锈钢等制成。

钢球定位环：黄铜或不锈钢制成。

金属支架：由两个主杆和三层平行的金属板组成。上层为一圆盘，直径略大于烧杯直径，中间有一圆孔，用以插放温度计。板上有两个孔，各放置金属环，中间有一小孔可支放温度计的测温端部。一侧立杆距环上面51 mm处刻有水高标记。环下面距下层底板为25.4 mm，下底板距烧杯底不小于12.7 mm，也不得大于19 mm。三层金属板和两个主杆由两螺母固定在一起。

(2) 耐热玻璃烧杯：容量800~1000 mL，直径不小于86 mm，高不小于120 mm。

(3) 温度计：量程0~100℃，分度值0.5℃。

(4) 试样底板：金属板或玻璃板。

(5) 恒温水槽：控温的准确度为±0.5℃。

(6) 平直刮刀。

(7) 甘油、滑石粉隔离剂(甘油与滑石粉的质量比为2∶1)。

(8) 蒸馏水或纯净水。

4. 方法与步骤

(1) 按1.8.1节方法准备试样沥青。试样环置于涂有甘油滑石粉隔离剂的试样底板上，将准备好的沥青试样徐徐注入试样环内至略高出环面为止。如估计试样软化点高于120℃，则试样环和试样底板(不用玻璃板)均应预热至80~100℃。

(2) 试样在室温冷却30 min后，用热刮刀刮除环面上的试样，应使试样与环面齐平。

(3) 试样软化点在80℃以下：

将装有试样的试样环连同试样底板置于装有(5±0.5)℃水的恒温水槽中至少15 min，同时将金属支架钢球、钢球定位环等亦置于相同水槽中。

烧杯内注入新煮沸并冷却至5℃的蒸馏水或纯净水，水面略低于立杆上的深度标记。

从恒温水槽中取出盛有试样的试样环并放置在支架中层板的圆孔中，套上定位环，然后将整个环架放入烧杯中，调整水面至深度标记，并保持水温为(5±0.5)℃。环架上任何部分不得附有气泡。

将盛有水和环架的烧杯移至软化点仪底座上，然后将钢球放在定位环的试样中央处，立即开动电磁振荡搅拌器，使水微微振荡，并开始加热，使杯中水温在 3 min 内维持每分钟上升(5±0.5)℃的加热速率。在加热过程中，应记录每分钟上升的温度值，如温度上升速率超出要求，则实验应重做。

试样受热软化逐渐下坠，当与下层底板表面接触时，立即读取温度，准确至 0.5℃。

（4）试样软化点在 80℃以上：

将装有试样的试样环连同试样底板置于装有(32+1)℃甘油的恒温槽中至少 15 min；同时将金属支架、钢球、钢球定位环等亦置于甘油中。

在烧杯内注入预先加热至 32℃的甘油，其液面略低于立杆上的深度标记。

从恒温槽中取出装有试样的试样环，再按试样软化点在 80℃以下的方法进行测定，准确至 1℃。

5. 实验结果计算

同一试样平行实验两次，当两次测定值的差值符合重复性实验允许误差时，取其算术平均值作为软化点实验结果，准确至 0.5℃。

允许误差：

当试样软化点小于 80℃时，重复性实验的允许误差为 1℃，再现性实验的允许误差为 4℃。

当试样软化点大于或等于 80℃时，重复性实验的允许误差为 2℃，再现性实验的允许误差为 8℃。

6. 注意事项

软化点仪环架上任何部分不得附有气泡。

软化点在 80℃以下时使用蒸馏水，80℃以上时使用甘油进行实验。

进行实验前养护时，钢球、钢球定位环、金属支架等应与试样养护同环境、同时。

在加热过程中，应记录每分钟上升的温度值，如温度上升速率超出(5±0.5)℃，应重作实验。

7. 实验操作视频（详见二维码）

8. 练习题（详见二维码）

3.8.5　沥青密度与相对密度实验

沥青密度为沥青试样在规定温度下单位体积的质量。沥青相对密度在规定温度下,沥青质量与同体积水的质量比值。沥青的密度与其化学组成关系密切,测定沥青的密度可以概略地了解沥青的化学组成。

1. 实验目的与适用范围

掌握沥青密度与相对密度测试的基本方法。本方法适用于使用比重瓶测定沥青材料的密度与相对密度。本方法宜在实验温度 25℃ 及 15℃ 下测定沥青密度与相对密度。

注:液体石油沥青也可以使用适宜的液体比重计测定密度或相对密度。

2. 实验仪器设备

(1)比重瓶:玻璃制,瓶塞下部与瓶口须仔细研磨。瓶塞中间有一个垂直孔,其下部为凹形,以便由孔排除空气。比重瓶的容积为 20～30 mL,质量不超过 40 g。

(2)恒温水槽:控温的准确度为 0.1℃。

(3)烘箱:加热温度可至 200℃,且装有温度自动调节器。

(4)天平:感量不大于 1 mg。

(5)滤筛:孔径为 0.6 mm、2.36 mm 各 1 个。

(6)温度计:量程 0～50℃,分度值 0.1℃。

(7)烧杯:容量为 600～800 mL。

(8)真空干燥器。

(9)洗液:玻璃仪器清洗液,三氯乙烯(分析纯)等。

(10)蒸馏水(或纯净水)。

(11)表面活性剂:洗衣粉(或洗涤灵)。

(12)其他:软布、滤纸等。

3. 实验方法与步骤

(1)准备工作。

用洗液、水、蒸馏水先后仔细洗涤比重瓶,然后烘干称其质量(m_1),准确至 1 mg。

将盛有冷却蒸馏水的烧杯浸入恒温水槽中保温,在烧杯中插入温度计,水的深度必须超过比重瓶顶部 40 mm 以上。

使恒温水槽及烧杯中的蒸馏水达到规定的实验温度±0.1℃。

(2)比重瓶水值的测定步骤。

将比重瓶及瓶塞放入恒温水槽中的烧杯里,烧杯底浸没水中的深度应不少于 100 mm,烧杯口露出水面,并用夹具将其固定。

待烧杯水温再次达到规定温度并保温 30 min 后,将瓶塞塞入瓶口,使多余的水由瓶塞上的毛细孔中挤出,此时比重瓶内不得有气泡。

将烧杯从水槽中取出,再从烧杯中取出比重瓶,立即用干净软布将瓶塞顶部擦拭一次,再迅速擦干比重瓶外面的水分,称其质量(m_2),准确至 1 mg。瓶塞顶部只能擦拭一次,即使由于膨胀瓶塞上有小水滴也不能再擦拭。以 $m_2 - m_1$ 作为实验温度的比重瓶水值。

(3)液体沥青试样的实验步骤。

将试样过筛(0.6 mm)后注入干燥比重瓶中至满，不得混入气泡。

将盛有试样的比重瓶及瓶塞移入恒温水槽(测定温度±0.1℃)内盛有水的烧杯中，水面应在瓶口下约 40 mm，不得使水浸入瓶内。

待烧杯内的水温达到要求的温度后保温 30 min，然后将瓶塞塞上，使多余的试样由瓶塞的毛细孔中挤出。用蘸有三氯乙烯的棉花擦净孔口挤出的试样，并确保孔中充满试样。

从水中取出比重瓶，立即用干净软布擦去瓶外的水分或黏附的试样(不得再擦孔口)后，称其质量(m_3)，准确至 3 位小数。

(4) 黏稠沥青试样的实验步骤。

准备沥青试样，沥青的加热温度宜不高于估计软化点以上100℃(石油沥青或聚合物改性沥青)，将沥青小心注入比重瓶中，约至 2/3 高度。不得使试样黏附瓶口或上方瓶壁，并防止混入气泡。

取出盛有试样的比重瓶，移入干燥器中，在室温下冷却不少于 1 h，连同瓶塞称其质量(m_4)，准确至 3 位小数。

将盛有蒸馏水的烧杯放入已达实验温度的恒温水槽中，然后将称量后盛有试样的比重瓶放入烧杯中(瓶塞也放进烧杯中)，等烧杯中的水温达到规定实验温度后保温 30 min，使比重瓶中气泡上升至水面，待确认比重瓶已经恒温且无气泡后，再将比重瓶的瓶塞塞紧，使多余的水从塞孔中溢出，此时应不得混入气泡。

取出比重瓶，按前述方法迅速揩干瓶外水分后称其质量(m_5)，准确至 3 位小数。

(5) 固体沥青试样的实验步骤：

实验前，如试样表面潮湿，可用干燥、清洁的空气吹干，或置50℃烘箱中烘干。

将 50~100 g 试样打碎，过 0.6 mm 及 2.36 mm 筛。取 0.6~2.36 mm 粉碎试样不少于5 g，放入清洁、干燥的比重瓶中，塞紧瓶塞后称其质量(m_6)，准确至 3 位小数。

取下瓶塞，将恒温水槽内烧杯中的蒸馏水注入比重瓶，水面高于试样约 10 mm，同时加入几滴表面活性剂溶液(如 1% 洗衣粉，洗涤灵)，摇动比重瓶使大部分试样沉入水底，并使试样颗粒表面上附着的气泡逸出。注意：摇动时勿使试样摇出瓶外。

取下瓶塞，将盛有试样和蒸馏水的比重瓶放置在真空箱(器)中抽真空，达到真空度98 kPa(735 mmHg)不少于 15 min。若比重瓶试样表面仍有气泡，可再加几滴表面活性剂溶液，摇动后再抽真空。必要时，可反复几次操作，直至无气泡为止。

将保温烧杯中的蒸馏水注入比重瓶中至满，轻轻地塞好瓶塞，再将带塞的比重瓶放入盛有蒸馏水的烧杯中，并塞紧瓶塞。

将有比重瓶的盛水烧杯置于恒温水槽(实验温度±0.1℃)中至少 30 min，取出比重瓶，迅速揩干瓶外水分后称其质量(m_7)，准确至 3 位小数。

4. 实验结果计算

实验温度下液体沥青试样的密度或相对密度按下式计算：

$$\rho_b = \frac{m_3 - m_1}{m_2 - m_1} \times \rho_w \tag{3-106}$$

$$\gamma_b = \frac{m_3 - m_1}{m_2 - m_1} \tag{3-107}$$

式中：ρ_b——试样在实验温度下的密度，g/cm³；

γ_b——试样在实验温度下的相对密度；

m_1——比重瓶质量，g；

m_2——比重瓶在盛满水时的合计质量，g；

m_3——比重瓶在盛满水试样时的合计质量，g；

ρ_w——实验温度下水的密度(15℃水的密度为0.9991 g/cm^3，25℃水的密度为0.9971 g/cm^3)。

实验温度下黏稠沥青试样的密度或相对密度按下式计算：

$$\rho_b = \frac{m_4 - m_1}{(m_2 - m_1) - (m_5 - m_4)} \times \rho_w \qquad (3-108)$$

$$\gamma_b = \frac{m_4 - m_1}{(m_2 - m_1) - (m_5 - m_4)} \qquad (3-109)$$

式中：m_4——比重瓶与沥青试样的合计质量，g；

m_5——比重瓶与试样和水的合计质量，g。

实验温度下固体沥青实验的密度或相对密度按下式计算：

$$\rho_b = \frac{m_6 - m_1}{(m_2 - m_1) - (m_7 - m_6)} \times \rho_w \qquad (3-110)$$

$$\gamma_b = \frac{m_6 - m_1}{(m_2 - m_1) - (m_7 - m_6)} \qquad (3-111)$$

式中：m_6——比重瓶与沥青试样的合计质量，g；

m_7——比重瓶与试样和水的合计质量，g。

同一试样应平行实验两次，当两次实验结果的差值符合重复性实验的精密度要求时，以算术平均值作为沥青的密度实验结果，并准确至3位小数，实验报告应注明实验温度。

精密度或允许差：

对黏稠石油沥青及液体沥青，重复性实验的允许差为0.003 g/cm^3，复现性实验的允许差为0.007 g/cm^3。

对固体沥青，重复性实验的允许差为0.01 g/cm^3，重复性实验的允许差为0.02 g/cm^3。

相对密度的精密度要求与密度相同(无单位)。

5. 注意事项

比重瓶的水值应经常校正，一般每年至少进行一次。

应准确控制实验温度。

将比重瓶从烧杯中取出后，瓶塞顶部只能擦拭一次。

将液体沥青试样注入比重瓶时，不得混入气泡。

测定液体沥青试样密度时，勿使三氯乙烯进入比重瓶中。

测定固体沥青试样密度时，抽真空不宜过快，防止样品被带出比重瓶。

6. 练习题(详见二维码)

3.8.6　沥青闪点和燃点实验(克利夫兰开口杯法)

沥青闪点是指加热沥青至挥发出可燃气体与空气形成混合气体,在规定条件下与火焰接触,初次闪光(有蓝色闪光)时的沥青温度(℃)。燃点是指加热沥青产生的气体与空气形成的混合气体,与火焰接触能持续燃烧 5 s 以上时,此时沥青的温度(℃)。闪点与燃点关系到沥青加热作业时的操作安全性。

1. 实验目的与适用范围

本方法适用于克利夫兰开口杯(简称 COC)测定黏稠石油沥青、聚合物改性沥青及闪点在 79℃以上的液体石油沥青的闪点和燃点,以用于施工安全性的评定。

2. 实验仪器

(1) 克利夫兰开口杯式闪点仪,由以下部分组成。

克利夫兰开口杯:开口杯用黄铜或铜合金制成,内口直径(63.5±0.5)mm,深(33.6±0.5)mm,在内壁与杯上口的距离为(9.4±0.4)mm 处刻有一道环状标线,带一个弯柄把手。

加热板:加热板由黄铜或铸铁制成,直径 145~160 mm,厚约 6.5 mm,上有石棉垫板,中心有圆孔,以支承金属试样杯。在距中心 58 mm 处有一个与标准试焰大小相当的 $\phi(4.0±0.2)$mm 电镀金属小球,供火焰调节的对照使用。

温度计:量程约 0℃~360℃,分度为 2℃。

点火器:点火器由金属管制成,端部为产生火焰的尖嘴,端部外径约 1.6 mm,内径为 0.7~0.8 mm,与可燃气体压力容器(如液体丙烷气或天然气)连接,火焰大小可以调节。点火器可以 150 mm 半径水平旋转,且端部恰好通过坩埚中心上方 2~2.5 mm 以内,也可采用电动旋转点火用具,但火焰通过金属实验杯的时间应为 1.0 s 左右。

铁支架:铁支架的高约 500 mm,附有温度计夹及试样杯支架,支脚为高度调节器,使加热顶保持水平。

(2) 防风屏:防风屏由金属薄板制成,三面将仪器围住挡风,内壁涂成黑色,高约 600 mm。

(3) 加热源附有调节器的 1 kW 电炉或燃气炉。根据需要,可以控制加热试样的升温速率为 14~17℃/min,在预期闪点前 28℃时升温速率控制在 5.5±0.5℃/min。

3. 方法与步骤

(1) 将试样杯用溶剂洗净、烘干,装于支架上。加热板放在可调电炉上,如用燃气炉时,加热板距炉口约 50 mm,接好可燃气管道或电源。

(2) 安装温度计时,应垂直插入试样杯中,温度计的水银球距杯底约 6.5 mm,位置在与点火器相对一侧距杯边缘约 16 mm 处。

(3) 将沥青试样注入试样杯中至标线处,并确保试样杯其他部位不沾有沥青。

(4) 全部装置应置于室内光线较暗且无空气流通的地方,并用防风屏三面围护。

(5) 将点火器转向一侧,实验点火,调节火苗为标准球形状或为直径(4±0.8)mm 的小球形试焰。

(6) 开始加热试样,使升温速率迅速达到 14~17℃/min,待试样温度达到预期闪点前

56℃时,调节加热器降低升温速率,以便在预期闪点前28℃时能使升温速率控制在(5.5±0.5)℃/min。

(7) 试样温度达到预期闪点前28℃时,每隔2℃将点火器的试焰沿实验杯口中心以150 mm半径作弧水平扫过一次,从实验杯口的一边至另一边所经过的时间约1 s。此时应确认点火器的试焰为直径(4±0.8)mm的火球,并位于坩埚口上方2~2.5 mm处。

(8) 当试样液面上出现一瞬即灭的蓝色火焰时,立即从温度计上读记温度,作为试样的闪点。注意勿将试样四周的蓝白色火焰误认为是闪点火焰。

(9) 继续加热,保持试样升温速率在(5.5±0.5)℃/min,并按上述操作要求用点火器点火实验。

(10) 当试样接触火焰立即着火,并能继续燃烧不少于5 s时,停止加热,并读记温度计上的温度,作为试样的燃点。

4. 实验结果计算

同一试样至少平行实验两次,两次测定结果的差值不超过重复性实验允许差8℃时,取其算术平均值的整数作为实验结果。

当实验大气压在95.3 kPa(715 mmHg)以下时,应对闪点或燃点的实验结果进行修正,若大气压为95.3~84.5 kPa(715~634 mmHg)时,修正值为增加2.8℃,当大气压为84.5~73.3 kPa(634~550 mmHg)时,修正值为增加5.5℃。

精密度或允许差:

重复性实验的允许差为:闪点8℃,燃点8℃。

复现性实验的允许差为:闪点16℃,燃点14℃。

5. 注意事项

温度计安装的正确位置为使温度计上的浸入刻线位于实验杯边缘以下2 mm处。

蒸气发生的闪火与点火器火焰的闪光不应混淆,如果闪火现象不明显,可在试样升高2℃时继续点火证实。

试样应在注入试样杯前先加热到能流动状态,但加热温度不应超过试样预期闪点前56℃。

含有溶解或游离水的试样可用氯化钙脱水,再用定量滤纸或疏松干燥的脱脂棉过滤。

6. 练习题(详见二维码)

第 4 章　综 合 实 验

4.1　混凝土耐久性能检测

混凝土耐久性是指结构在规定的使用年限内，在各种环境条件作用下，不需要额外的费用加固处理而保持其安全性、正常使用和可接受的外观能力。

混凝土材料的耐久性指标一般包括：抗渗性、抗冻性、抗侵蚀性、混凝土碳化、碱骨料反应等。

检测项目：

（1）电通量：用通过混凝土的电通量反映混凝土抗氯离子渗透的性能。

（2）混凝土抗冻标号：用慢冻法测得的最大冻融循环次数划分混凝土抗冻性能的等级。

（3）混凝土抗冻等级：用快冻法测得的最大冻融循环次数划分混凝土抗冻性能的等级。

（4）抗硫酸盐等级：用抗硫酸盐侵蚀实验方法测得的最大干湿循环次数划分混凝土抗硫酸盐侵蚀性能的等级。

（5）快速氯离子迁移系数法：通过测定混凝土中氯离子渗透深度，计算得到氯离子迁移系数反映混凝土抗氯离子渗透性能的实验方法——简称 RCM 法，该方法应用较广泛，多应用于工程现场氯离子含量的检测。

另外一种更快更简便的实验方法简称 NEL 法，该方法多应用于高校及科研院所的快速氯离子检测，现场工程应用较少。

（6）早期抗裂实验：用于测试混凝土试件在约束条件下的早期抗裂性能。

（7）抗水渗透实验：

① 渗水高度法：用以测定混凝土在恒定水压力下的平均渗水高度表示的混凝土抗水渗透性能。

② 逐级加压法：通过逐级施加水压力测定以抗渗等级表示的混凝土抗水渗透性能。

（8）耐磨性，常见的检测方法有圆环法，风沙法。

4.1.1　混凝土抗冻实验（快冻法）

混凝土抗冻性是指混凝土材料在含水状态下能经受多次冻融循环作用而不被破坏，强度也不会显著降低的性质。混凝土的抗冻性是混凝土耐久性的重要指标，检测混凝土在长期使用情况下的质量损失和动弹性模具损失可评判混凝土的耐久性。混凝土抗冻性的检测方法有快冻法和慢冻法，下面主要介绍快冻法。

1. 实验目的

掌握混凝土快冻法的抗冻性能实验方法。

掌握混凝土快冻法的抗冻等级评判依据及方法。

2. 适用范围

本方法适用于测定混凝土试件在水冻水融条件下，以经受的快速冻融循环次数表示的混凝土抗冻性能。

3. 实验原理

通过测定混凝土冻融前后的相对动弹性模量损失或质量损失评判混凝土抗冻等级。

4. 主要检测设备及相关要求

(1) 试件盒：宜使用具有弹性的橡胶材料制作(图4-1)，内表面底部应有半径为3 mm的橡胶突起部分。盒内加水后水面应至少高出试件顶面5 mm。试件盒横截面尺寸宜为115 mm×115 mm，试件盒长度宜为500 mm。

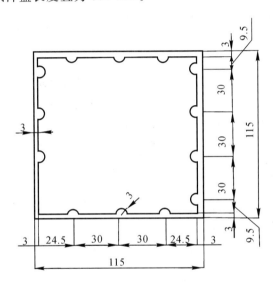

图4-1 橡胶试件盒横截面示意图(单位：mm)

(2) 快速冻融装置：应符合现行行业标准(JG/T243)《混凝土抗冻实验设备》的规定。除应在测温试件中埋设温度传感器外，还应在冻融箱内防冻液中心与任何一个对角线的两端分别设置温度传感器。运行时冻融箱内防冻液各点温度的极差不得超过2℃。

(3) 称量设备：最大量程应为20 kg，感量不应超过5 g。

(4) 混凝土动弹性模量测定仪。

(5) 温度传感器：(包括热电偶、电位差计等)应在(-20~20)℃范围内测定试件中心温度，且测量精度应为±0.5℃。

5. 实验准备及注意事项

(1) 快冻法抗冻实验应使用尺寸为100 mm×100 mm×400 mm的棱柱体试件，每组试件应为三块。

(2) 成型试件时，不得使用憎水性脱模剂。

(3) 除制作冻融实验的试件外，还应制作同样形状、尺寸，且中心理有温度传感器的测温试件，测温试件应使用防冻液作为冻融介质。测温试件的抗冻性能应高于冻融试件。

测温试件的温度传感器应埋设在试件中心。温度传感器不应采用钻孔后插入的方式埋设。

6. 实验步骤

(1) 取出试件，测定横向基频的初始值 $\overline{d_i}$。

将养护龄期为 24d 的试件从标准养护箱取出放在 (20±2)℃ 水中浸泡，水面应高出试件顶面 (20～30)mm，浸泡 4d 后再次取出试件 (始终在水中养护的试件，当试件养护龄期达到 28d 时应及时取出试件)，湿布擦除表面水分后对外观尺寸进行测量，试件的外观尺寸应满足相应的要求，并应编号、称量试件初始质量 W_0，然后测定其横向基频的初始值 $\overline{d_i}$。

(2) 冻融实验。

试件在 28d 龄期时开始进行冻融实验。将试件放入试件盒中心，然后将试件盒放入冻融箱内的试件架中，并向试件盒中注入清水。在整个实验过程中，盒内水位高度应始终保持至少高出试件顶面 5mm，最后关上冻融箱。

(3) 测定冻融试件横向基频。

每隔 25 次冻融循环测定试件的横向基频 f_{ni}，测定前应先将试件表面浮渣清洗干净并擦干表面水分，然后检查其外部损伤情况并称量试件的质量 W_{ni}，随后测定横向基频。测定完成后，应迅速将试件调头重新装入试件盒内并加入清水，继续实验。试件的测定、称量及外观检查应迅速，待测试件应用湿布覆盖。

(4) 当冻融循环出现下列情况之一时，可停止实验：

① 达到规定的冻融循环次数。

② 试件的相对动弹性模量下降到 60%。

③ 试件的质量损失率达 5%。

7. 实验结果计算

(1) 相对动弹性模量，按下式计算：

$$P_i = \frac{f_{ni}^2}{f_{0i}^2} \times 100 \qquad (4-1)$$

式中：P_i——经 N 次冻融循环后第 i 个混凝土试件的相对动弹性模量，%（精确至 0.1）；

f_{ni}——经 N 次冻融循环后第 i 个混凝土试件的横向基频，Hz；

f_{0i}——冻融循环实验前第 i 个混凝土试件横向基频初始值，Hz；

P 为经 N 次冻融循环后一组混凝土试件的相对弹性模量，%（精确到 0.1，P 取三个试件测定值的算术平均值）。

(2) 单个试件质量损失率，按下式计算：

$$\Delta W_{ni} = \frac{W_{0i} - W_{ni}}{W_{0i}} \times 100\% \qquad (4-2)$$

式中：ΔW_{ni}——N 次冻融循环后第 i 个混凝土试件的质量损失率，%（精确至 0.01）；

W_{0i}——冻融循环实验前第 i 个混凝土试件的质量，g；

W_{ni}——N 次冻融循环后第 i 个混凝土试件的质量，g。

(3) 一组试件的平均质量损失率，按下式计算：

$$\Delta W_n = \frac{\sum_{i=1}^{3} \Delta W_n}{3} \times 100\% \qquad (4-3)$$

式中：ΔW_n——N 次冻融循环后一组混凝土试件的平均质量损失率，%（精确至 0.1）。

8. 评定标准

混凝土抗冻等级应以相对动弹性模量下降不低于 60% 或者质量损失率不超过 5% 时的最大冻融循环次数确定，用符号 F 表示。

9. 注意事项

（1）当有试件停止实验被取出时，应用其他试件填充空位。当实验在冷冻状态下因故中断时，试件应保持在冷冻状态，直至恢复冻融实验为止，并应将故障原因及暂停时间在实验报告中注明。试件在非冷冻状态下发生故障的时间不宜超过两个冻融循环的时间。在整个实验过程中，超过两个冻融循环时间的中断故障次数不得超过两次。

（2）将实验结果的算术平均值作为测定值。当某个实验结果出现负值时，应取 0，再取三个试件的算术平均值。当三个测定值中的最大值或最小值与中间值之差超过 1% 时，应剔除此值，并取其余两值的算术平均值作为测定值；当最大值和最小值与中间值之差均超过 1% 时，应取中间值作为测定值。

10. 实验操作视频（详见二维码）

11. 练习题（详见二维码）

4.1.2　混凝土碳化实验

混凝土的碳化是指混凝土受到的一种化学腐蚀。空气中 CO_2 气体通过硬化混凝土细孔渗透到混凝土内，与水凝水化产物的碱性物质 $[Ca(OH)_2]$ 发生化学反应后生成碳酸盐 $[CaCO_3]$ 和水，使混凝土碱性降低的过程称为混凝土的碳化，又称作中性化。其化学反应为：$Ca(OH)_2 + CO_2 = CaCO_3 \downarrow + H_2O$。对于钢筋混凝土而言，碱性物质的浓度降低会使钢筋容易生锈，混凝土结构的耐久性也会随之降低；对于塑混凝土的结构而言，碳化反而有提升结构耐久性的效果。

1. 实验目的

掌握混凝土碳化实验方法；掌握混凝土碳化等级评判方法。

2. 适用范围

适用于测定在一定浓度的二氧化碳气体介质中混凝土试件的碳化程度。

3. 实验原理

根据碳化实验后试件(碱性降低,呈中性)表面涂抹的浓度为1%的酚酞酒精溶液颜色变化情况判断碳化深度。

4. 实验设备

(1)碳化箱:碳化箱应符合现行行业标准(JG/T 247)《混凝土碳化实验箱》的规定,并应使用带有密封盖的密闭容器,容器的容积至少为实验试件体积的两倍。碳化箱内应有架空试件的支架、二氧化碳引入口、分析取样用的气体导出口、箱内气体对流循环装置、为保持箱内恒温恒湿所需的设施以及温湿度监测装置。宜在碳化箱上设玻璃观察口以便读取箱内温度的读数。

(2)气体分析仪:分析仪应能分析箱内二氧化碳浓度,并应精确至±1%。

(3)二氧化碳供气装置:应包括气瓶、压力表和流量计。

5. 试件应符合下列规定

(1)本方法宜采用棱柱体混凝土试件,应以三块为一组。棱柱体的长宽比不宜小于3。

(2)无棱柱体试件,也可用立方体试件,其数量应相应增加。

(3)试件宜在28d龄期进行碳化实验,掺有掺合料的混凝土可以根据其特性确定碳化前的养护龄期。用于碳化实验的试件宜采用标准法养护,试件应在实验前2d从标准养护室取出,然后在60℃下烘48 h。

(4)经烘干处理后的试件,除应留下一个或相对的两个侧面外,其余表面应使用加热的石蜡予以密封,然后在暴露侧面上沿长度方向用铅笔以10 mm间距画出平行线,作为碳化深度的测量点。

6. 实验步骤

(1)首先应将经过处理的试件放入碳化箱内的支架上。各试件之间的间距不应小于50 mm。

(2)试件放入碳化箱后,应将碳化箱密封。密封可采用机械法或油封法,但不得采用水封法。开动箱内气体对流装置,徐徐充入二氧化碳,并测定箱内的二氧化碳浓度。逐步调节二氧化碳的流量,使箱内的二氧化碳浓度保持在(20±3)%。在整个实验期间应采取去湿措施,使箱内的相对湿度控制在(70±5)%,温度控制在(20±2)℃的范围内,最后关上碳化箱,确保碳化箱满足密封状态。

(3)碳化实验开始后每隔一定时间对箱内的二氧化碳浓度、温度及湿度做一次测定。宜在前2d每隔2 h测定一次,以后每隔4 h测定一次。在实验中根据测得的二氧化碳浓度、温度及湿度随时调节实验参数,去湿用的硅胶应经常更换,也可采用其他更有效的去湿方法。

(4)应在碳化3d、7d、14d和28d时,分别取出试件,破型测定碳化深度。棱柱体试件应使用在压力实验机上的劈裂法或者用干锯法从一端开始破型。每次切除的厚度应为试件宽度的一半，切后应用石蜡将破型后试件的切断面封好，再放入箱内继续碳化，直到下一个实验期。若使用立方体试件时，应在试件中部劈开，立方体试件应只做一次检验，劈开测试碳化深度后不得再重复使用。

（5）随后应刷去试件断面上残存的粉末，然后喷上（或滴上）浓度为1%的酚酞酒精溶液（酒精溶液含20%的蒸馏水）。约30 s后，按原先标划的每10 mm一个测量点用钢板尺测出各点碳化深度。若测点处的碳化分界线上刚好嵌有粗骨料颗粒，可取该颗粒两侧碳化深度的算术平均值作为该点的碳化深度。碳化深度测量应精确至0.5 mm。

7. 混凝土碳化实验结果计算和处理

（1）混凝土在各实验龄期的平均碳化深度应按下式计算：

$$\overline{d_t} = \frac{1}{n}\sum_{i=1}^{n}d_i \tag{4-4}$$

式中：$\overline{d_t}$——试件碳化 t(d)后的平均碳化深度，mm（精确至0.1 mm）；

　　　　d_i——各测点的碳化深度，mm；

　　　　n——测点总数。

（2）每组应在二氧化碳浓度为(20±3)%，温度为(20±2)℃，湿度为(70±5)%的条件下，取三个试件碳化28d的碳化深度算术平均值作为该组混凝土试件碳化测定值。

（3）处理碳化结果时宜绘制碳化时间与碳化深度的关系曲线。

8. 实验操作视频（详见二维码）

9. 练习题（详见二维码）

4.1.3　混凝土抗水渗透实验（逐级加压法）

混凝土的抗渗性是指混凝土材料抵抗压力水渗透的能力，是影响混凝土耐久性的最基本的因素。影响抗渗性的根本性因素是孔隙率和孔隙特征，混凝土抗水渗透试验主要是通过试件未出现渗水的最大水压力乘以10来表示的。

1. 实验目的及适用范围

本实验主要用于检测混凝土的抗渗等级，以评价其抗水渗透性能，实验依据（GB/T50082—2009）《普通混凝土长期性能和耐久性能实验方法标准》，适用于逐级施加水压力测定混凝土的抗水渗透性能实验，测定结果以抗渗等级表示。

2. 仪器设备

（1）混凝土抗渗仪。混凝土抗渗仪如图4-2所示，应符合现行行业标准（JG/T249）

《混凝土抗渗仪》的规定，应能使水压按规定的要求稳定地作用在试件上。抗渗仪可施加水压力的范围为 0.1~2.0 MPa。

图 4-2 混凝土抗渗仪

（2）成型试模。试模应使用上口内部直径为 175 mm、下口内部直径为 185 mm 和高度为 150 mm 的圆台体。

（3）密封材料。密封材料宜用石蜡加松香或水泥加黄油等材料，也可采用橡胶套等其他有效密封材料。

（4）螺旋加压器、烘箱、电炉、浅盘、铁锅、钢丝刷等。

3. 试件制备

（1）抗水渗透实验应以六个试件为 1 组。若用人工插捣法成型，应分两层装入混凝土拌合物，每层插捣 25 次，在标准条件下养护。试件 24 h 拆模，拆模后用钢丝刷刷去试件两端面的水泥浆膜，并立即将试件送入标准养护室进行养护。

（2）如有工程需要，可在浇筑地点制作，工程试件不少于两组，其中至少一组应在标准条件下养护，其余试件在相同条件下养护。试块养护期不少于 28d，不超过 90d。

4. 实验步骤

（1）抗水渗透实验的龄期宜为 28d。在试件养护至测试龄期的前 1 天将试件从养护室中取出，擦拭干净。待试件表面晾干后，按下列方法密封试件：

① 当用石蜡密封时，在试件侧面裹涂 1 层掺加了少量松香（约 2%）或熔化的石蜡。然后用螺旋加压器将试件压入经过烘箱或电炉预热过的试模中，使试件与试模底平齐，试模变冷后即可解除压力。试模的预热温度应以石蜡接触试模即缓慢熔化但不流淌为宜。

② 用水泥加黄油密封时，其质量比应为（2.5~3）∶1。用三角刀将密封材料均匀地刮涂在试件侧面上，厚度为 1~2 mm。套上试模并将试件压入，使试件与试模底平齐。

（2）试件准备好之后，启动抗渗仪，开通六个实验位置下的阀门，使水从六个孔中渗出，水应充满试位坑，在关闭六个试位下的阀门后，将密封好的试件安装在抗渗仪上。

（3）试件安装好后即可进行实验。实验时，水压应从 0.1 MPa 开始，以后每隔 8 h 增加 0.1 MPa 的水压，随时注意观察试件端面渗水情况。当六个试件中有三个试件表面出现渗水时，或加至规定压力（设计抗渗等级）8 h内六个试件出现表面渗水的试件少于三个，可停止实验并记下此时的水压力。在实验过程中，若发现水从试件周边渗出时，说明密封不好，应停止实验并重新按上述方法密封试件。

5. 实验结果计算

混凝土的抗渗等级以每组六个试件中四个试件未出现渗水现象时的最大水压力乘以10确定。混凝土的抗渗等级按下式计算：

$$P = 10H - 1 \tag{4-5}$$

式中：P——混凝土抗渗等级；

H——6 个试件中有 3 个试件渗水时的水压力，MPa。

注：混凝土抗渗等级为 $P2$、$P4$、$P6$、$P8$、$P10$、$P12$，若压力加至 1.2 MPa，经过 8 h，第 3 个试件仍未渗水，则停止实验，试件的抗渗等级以 $P12$ 表示。

6. 练习题（详见二维码）

4.2　高性混凝土实验

4.2.1　透水混凝土实验

1. 概述

随着全球城市化进程的发展，如何保障城市区域降雨期的排水通畅，保护区域水资源和地下水逐渐成为世界范围内普遍关注的问题。透水混凝土可将雨水原地渗透至土壤中，从而实现保护区域水资源的效果，因而被越来越广泛地应用于停车场和低荷载公路路面，甚至高速公路路面的建设工程中。

透水混凝土，英文名称为 Pervious Concrete 或 Porous Concrete，它是由单一或间断级配的粗骨料、水泥、外加剂和掺合料以及水等组分材料依据一定的配合比，通过压制、振捣等方式制成的特殊混凝土，由一薄层水泥浆体均匀地包裹在粗骨料表面，通过这些水泥浆体相互连接在一块形成的含有较多孔隙的多孔混凝土。因为透水混凝土少含或不含细骨料，也称无砂混凝土。

透水混凝土的多孔性和高透水性极大地提高了路面的排水性能，使得路面排水方向更为发散，限制了径流量，将冲刷破坏降低到最低程度。同时，雨水的直接下渗使得日渐枯竭的城市地下水资源得到了补充。作为城市"地基"的一部分，这些下渗的地下水维持了土壤的原始结构，减少了地面沉降现象。此外，多孔的透水混凝土也使得大气环境能够直接与土壤接触，整个城市不再是一块密不透风的"混凝土板"，土壤生态环境得到了一定程度地改善。提升了城市整体的热交换效率，"热岛效应"也能随之缓解。

通常情况下，透水混凝土的孔隙率为 15～35%，抗压强度一般为 10～20 MPa，抗折强度为 1.0～3.8 MPa，透水混凝土渗透系数一般为 2.0～5.4 mm/s，有些甚至能够达到 10～15 mm/s。透水混凝土具有以下特点：

（1）透水性好。透水地坪拥有 15%～25% 的孔隙，能够使透水速度达到 31～52 L/(m·h)，远高于最有效的降雨排水设施的排水速率。

（2）装饰效果好。可进行透水地坪的色彩优化设计，能够实现设计师独特创意，呈现不同环境和个性要求的装饰风格，这是一般透水砖是很难实现的。

（3）维护方便。特有的透水性铺装系统使其可以通过高压水洗的方式解决孔隙堵塞问题。

（4）抗冻融性好。透水性铺装比一般混凝土路面具有更强的抗冻融能力，不会受冻融影响产生断裂，这是因为它的结构本身有较大的孔隙。

（5）耐用性强。透水性地坪的耐用耐磨性能均优于沥青，接近于普通的地坪，避免一般透水砖的使用年限短、不经济等缺点。

（6）散热性好。透水混凝土的表观密度较低（15%～25% 的孔隙），降低了热储存的能力，独特的孔隙结构能使较低的地下温度传向地面，从而降低了整个铺装地面的温度。这些特点使得透水铺装系统在吸热和储热功能方面接近于自然植被覆盖的地面。

此外，透水混凝土也存在孔隙堵塞、易冻损与强度低等缺点，这三大功能难题一定程度上限制了透水混凝土的大规模应用推广，也是国内外研究人员的研究重点。

2. 规范

根据(CJJ/T 135—2009)《透水水泥混凝土路面技术规程》的规定，透水水泥混凝土用水泥应采用强度等级不低于 42.5 级的硅酸盐水泥或普通硅酸盐水泥，质量应符合现行国家标准(GB175)《通用硅酸盐水泥》的要求。不同等级、厂牌、品种、出厂日期的水泥不得混存、混用。透水水泥混凝土用外加剂应符合现行国家标准(GB 8076)《混凝土外加剂》的规定。用于改善粗集料和胶结料的黏结性能，提高透水水泥混凝土强度的增强料可分有机材料和无机材料二类，材料技术指标应符合表 4-1 的规定。透水水泥混凝土采用的集料，必须使用质地坚硬、耐久、洁净、密实的碎石料，碎石的性能指标应符合现行国家标准(GB/T 14685)《建筑用卵石、碎石》中的二级要求，并应符合表 4-2 规定。透水水泥混凝土拌合用水应符合现行行业标准(JGJ63)《混凝土用水标准》的规定。透水水泥混凝土的性能应符合表 4-3 规定。透水水泥混凝土耐磨性实验应符合现行国家标准(GB/T 12988)《无机地面材料耐磨性能实验方法》的规定。透水系数的测定方法应符合规程(CJJ/T 135—2009)《透水水泥混凝土路面技术规程》附录 A 的要求。抗冻性实验应符合现行国家标准《普通混凝土长期性能和耐久性能实验方法标准》GB/T 50082 的相关规定。对于再生骨料透水混凝土的规定可参考(CJJ/T 253—2016)《再生骨料透水混凝土技术规程》。

表 4-1　增强料的技术指标

聚合物乳液	含固量(%)	延伸率(%)	极限拉伸强度(MPa)
	40～50	≥150	≥1.0
活性 SiO_2	SiO_2含量应大于 85%		

表 4 - 2 集料的性能指标

项目	计量单位	指标		
		1	2	3
尺寸	mm	2.4~4.75	4.75~9.5	9.5~13.2
压碎值	%	<15.0		
针片状颗粒含量(按质量计)	%	<15.0		
含泥量	%	<1.0		
表观密度	kg/m³	>2500		
紧密堆积密度	kg/m³	>1350		
堆积孔隙率	%	<47.0		

表 4 - 3 透水水泥混凝土的性能

项目		计量单位	性能要求	
耐磨性(磨坑长度)		mm	≤30	
透水系数(15℃)		mm/s	≥0.5	
抗冻性	25 次冻融循环后抗压强度损失率	%	≤20	
	25 次冻融循环后质量损失率	%	≤5	
连续孔隙率		%	≥10	
强度等级		—	C20	C30
抗压强度(28d)		MPa	≥20.0	≥30.0
弯拉强度(28d)		MPa	≥2.5	≥3.5

注:耐磨性与抗冻性性能检验可视各地具体情况及设计要求进行。

3. 设计原理

由于透水混凝土与普通混凝土在结构和成分上的不同,其配制过程存在很大的差异。从组分设计情况看,孔隙率和强度是普通混凝土和透水混凝土需要考虑的两项主要指标。对普通混凝土来说,原则上孔隙率越小越好。通过调整原材料、级配,改善生产工艺,降低普通混凝土的孔隙率,提高混凝土的密实度,从而改善混凝土强度性能。但对于透水混凝土而言,由于需要满足透水性的要求,其孔隙率必须在一定的范围内,同时也要保证其强度和结构的稳定。

从孔隙构造的角度来说,封闭孔隙、半连通孔隙和连通孔隙是透水混凝土孔隙的三种类型。不与外界连接的孤立孔隙为封闭孔隙;某一头开放或与其他孔隙连通,而另一头封闭的孔隙为半连通孔隙;两头开放或与其他孔隙相连的孔隙为连通孔隙。其中,半连通孔隙和连通孔隙是保证其透水性能的有效孔隙。连通孔隙构成了空气和水流穿过混凝土的通道,而半连通孔隙起到了缓存水流的作用。有效孔隙的数量直接影响着透水混凝土的透水性能。另外,透水混凝土是使用单一级配(5~10 mm)的骨料作为粗骨料的。粗骨料间仅由水泥、掺合料等胶结料在直接接触点附近相互粘连,产生强度,并形成骨架—孔隙结构。

这种结构的孔隙往往非常大，大多数孔径都超过 1 mm，且主要为连通孔隙。由于力的传递单独由骨架来承担，为保证透水混凝土的整体强度，应对其微观结构有高的要求。孔隙率高时，连通孔隙量增加，透水性提高，但相对的骨料之间交界面积减少，整体强度变低；反之，孔隙率低时，透水混凝土的透水性降低，但整体强度提高。因此，强度和孔隙率之间存在矛盾，解决矛盾的最优方案就是透水混凝土配合比设计的关键所在。透水混凝土配合比设计流程如图 4-3 所示。

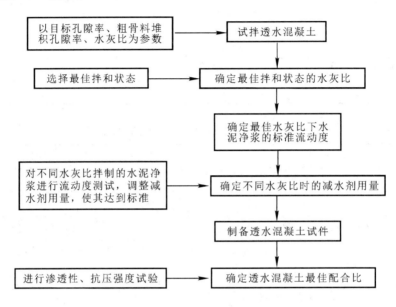

图 4-3　透水混凝土设计流程

透水混凝土的配合比设计采用体积法。首先要确定几个关键参数，包括粗集料在紧密堆积状态下的孔隙率（v_c）、设计孔隙率（R_{void}）及水胶比（$R_{w/c}$）。其中主要控制参数是设计孔隙率，在综合考虑强度和透水性的基础上，实验确定粗集料在紧密堆积状态下的孔隙率和最佳水灰比的范围，从而计算透水混凝土的整体配合比。

（1）配合比设计参数的确定。

① 设计孔隙率 R_{void}。为提高透水混凝土的透水性能，应尽量增多连通孔隙，但孔隙率过大会降低透水混凝土的强度，因此保证透水混凝土试件的渗透性和强度指标的均衡是确定设计孔隙率的核心原则。根据实际工程经验，透水混凝土的设计孔隙率取 15%～25%。

② 粗集料紧密堆积孔隙率 v_c。量筒法测得振实粗集料的紧密堆积密度 ρ，网篮法测得粗集料的表观密度 ρ_0，根据下式计算粗集料紧密堆积孔隙率 v_c，即

$$v_c = \left(1 - \frac{\rho}{\rho_0}\right) \times 100\% \qquad (4-6)$$

③ 水胶比 $R_{w/c}$。水胶比是影响透水混凝土强度和透水性的重要指标。水胶比过大，透水混凝土拌和料流动度过高，由于原料配方本身浆集比极低，孔隙率很大，因此在振捣过程中极易发生漏浆现象，导致强度分布不均匀以及下部孔隙堵塞。水胶比过小则会导致胶结料不能充分水化，严重影响强度。对于某一确定原材料和用量的透水混凝土，存在一个水胶比的最优值，在保证水泥浆流动度的前提下使透水混凝土强度达到最大值。理论上采

用实验的方法确定水胶比。选定若干组不同的水胶比，假设粗集料和胶结料用量保持相等，制备透水混凝土试件并以抗压、抗折强度为性能指标，绘制并观察水胶比—强度曲线，强度峰值对应的水灰比即为最优值。在实际应用中一般定义一个透水混凝土的最佳拌和表观状态：搅拌完成后呈金属光泽，紧捏成球状，析出微量水泥。以该拌和状态下的水泥净浆流动度为指标对透水混凝土的水胶比进行试拌并调整。参考一般透水混凝土设计标准，水胶比选择范围控制在 0.25～0.35。

（2）配合比设计步骤。

透水水泥混凝土配合比设计步骤符合下列规定：

① 单位体积粗集料用量应按下式计算：

$$W_G = \alpha \times \rho_G \tag{4-7}$$

式中：W_G——透水水泥混凝土中粗集料用量，kg/m^3；

ρ_G——粗集料紧密堆积密度，kg/m^3；

α——粗集料用量修正系数，取 0.98。

② 胶结料浆体体积应按下式计算：

$$V_p = 1 - \alpha \times (1 - v_c) - 1 \times R_{void} \tag{4-8}$$

式中：V_p——每立方米透水水泥混凝土中胶结料浆体体积，m^3/m^3；

v_c——粗集料紧密堆积孔隙率，%；

R_{void}——设计孔隙率，%。

③ 水胶比应根据实验确定，水胶比选择范围控制在 0.25～035，并应满足表 4-3 中的技术要求。

④ 单位体积水泥用量应按下式确定：

$$W_c = \frac{V_p}{R_{w/c} + 1} \times \rho_c \tag{4-9}$$

式中：W_c——每立方米透水水泥混凝土中水泥用量，kg/m^3；

V_p——每立方米透水水泥混凝土中胶结料浆体体积，m^3/m^3；

$R_{w/c}$——水胶比；

ρ_c——水泥密度，kg/m^3。

⑤ 单位体积用水量应按下式确定：

$$W_w = W_c \times R_{w/c} \tag{4-10}$$

式中：W_w——每立方米透水水泥混凝土中用水量，kg/m^3；

W_c——每立方米透水水泥混凝土中水泥用量，kg/m^3；

$R_{w/c}$——水胶比。

⑥ 外加剂用量应按下式确定：

$$M_a = W_c \times a \tag{4-11}$$

式中：M_a——每立方米透水水泥混凝土中外加剂用量，kg/m^3；

W_c——每立方米透水水泥混凝土中水泥用量，kg/m^3；

a——外加剂的掺量，%。

⑦ 当掺用增强剂时，掺量应按水泥用量的百分比计算，然后将其掺量换算成对应的体积。

4. 检测

(1) 表观密度的测定。

本实验方法可用于透水混凝土拌合物捣实后单位体积质量的测定。

① 实验设备。

容量筒：应为金属制成的圆筒，筒外壁应有提手，容积不小于 5 L，容量筒上沿及内壁应光滑平整，顶面与底面应平行并与圆柱体的轴垂直。容量筒校验方法应符合（SL127—2017）《容量筒校验方法》标准规定。

电子天平：最大量程应为 50 kg，分度值不应大于 20 g。

振动台：应符合行业标准（JG/T245—2009）《混凝土实验用振动台》的规定。

捣棒：应符合行业标准（JG/T248—2009）《混凝土坍落度仪》。

② 实验步骤：

a. 校核容量筒的容积。

将干净容量筒与玻璃板一起称重。将容量筒装满水，缓慢将玻璃板从筒口一侧推到另一侧，容量筒内应满水且不应该存有气泡。擦干容量筒外壁，再次称重。两次称重结果之差除以该温度下水的密度应为容量筒容积 V。（常温下水的密度可取 1 kg/L）

b. 容量筒外壁应擦干净，称出容量筒质量 m_1，精确至 10 g。

c. 透水混凝土拌合物的搅拌应符合相关标准，将拌合物装入容量筒中，成型工艺按相关标准执行。振动完成后，将筒口多余的透水混凝土拌合物刮去，使表面凹陷与凸起部分体积大致相等，将容量筒外壁擦净，称量透水混凝土拌合物试样与容量筒总质量 m_2，精确至 10 g。

d. 透水混凝土拌合物的表观密度应按下式计算：

$$\rho = \frac{m_2 - m_1}{V} \times 1000 \tag{4-12}$$

式中：ρ——透水混凝土拌合物表观密度，kg/m³；

　　　m_1——容量筒质量，kg；

　　　m_2——容量筒和试样总质量，kg；

　　　V——容量筒容积，L。

混凝土拌合物表观密度应按 4-12 公式计算。表观密度应取三次测试值的算术平均值。当三个测试值中的最大值或最小值，有一个与中间值之差超过中间值的 5% 时，应以中间值为实验结果；当最大值和最小值与中间值之差均超过中间值的 5% 时，则该组测试结果无效。

(2) 有效孔隙率的测定。

① 实验设备。

电子天平：天平最大量程为 30 kg，分度值为 1 g。

烘箱：烘箱应符合国家标准（GB/T30435—2013）的规定。

铁丝笼。

② 试件的制备与养护。

制备边长为 150 mm 的立方体试件三块，在标准养护室内养护 7d 以上。

③ 实验步骤。

a. 将试件放入 60℃ 的烘箱中烘干至恒重，取出放在干燥器内冷却至室温，用直尺量出试件的尺寸，并计算出其体积 V_0。

b. 电子天平下方吊一个可以盛放试件的铁丝笼并将天平归零，再将试件置于铁丝笼中，使其完全浸泡在水中，当无气泡出现时，测量试件在水中的质量 m_a。

c. 取出试件，放在 60℃ 的烘箱中烘干至恒重，测量试件的质量 m_b。

透水混凝土有效孔隙率应按下式计算，精确至 0.1：

$$v = \left(1 - \frac{m_b - m_a}{\rho V_0}\right) \times 100\% \tag{4-13}$$

式中：v——透水混凝土有效孔隙率，%；

　　　m_a——试件在水中的质量，g；

　　　m_b——试件在烘箱中烘 24 h 后的质量，g；

　　　ρ——水的密度，g/cm³；

　　　V_0——试件的体积，cm³。

实验结果评定应取三个试件测试值的平均值。当三个测试值中的最大值或最小值，有一个与中间值之差超过中间值的 5% 时，应以中间值为实验结果；当最大值和最小值与中间值之差均超过中间值的 5% 时，则该组测试结果无效。

（3）渗透系数的测定。

透水水泥混凝土透水系数的实验装置如图 4-4 所示。

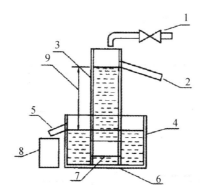

1—供水系统；2—圆筒的溢流口；3—水圆筒；4—溢流水槽；
5—水槽的溢流口；6—支架；7—试样；8—量筒；9—水位差

图 4-4　透水系数实验装置示意图

① 实验设备。

水圆筒：水圆筒为设有溢流口并能保持一定水位的圆筒。

溢流水槽：溢流水槽为设有溢流口并能保持一定水位的水槽。

抽真空装置：装置应能装下试样，并应保持 90 kPa 以上真空度。

量具：量具是分度值为 1 mm 的钢直尺及类似量具。

秒表：秒表的精度为 1 s。

量筒：量筒的容量为 2 L，最小刻度为 1 mL。

温度计：温度计的最小刻度为 0.5℃。

② 试件制备。

实验用水应使用无汽水，可采用新制备的蒸馏水进行排气处理，实验时水温宜为 (20 ± 3)℃。

应分别在样品上制取三个直径为 100 mm、高度 50 mm 的圆柱作为试样。

③ 实验步骤。

实验宜按下列步骤进行：

a. 用钢直尺测量圆柱试样的直径(D)和厚度(L)，分别测量两次，取算术平均值，精确至 1 mm，计算试样的上表面面积(A)。

b. 将试样的四周用密封材料或以其他方式密封好，使其不漏水，水仅从试样的上下表面渗透。

c. 待密封材料固化后，将试样放入真空装置，抽真空至(90 ± 1)KPa，并保持 30 min，在保持真空的同时，加入足够的水将试样覆盖并使水位高出试样 100 mm，然后停止抽真空，浸泡 20 min，将其取出，装入透水系数实验装置，将试样与透水圆筒连接密封好。放入溢流水槽，打开供水阀门，使无汽水进入容器中，等溢流水槽的溢流孔有水流出时，调整进水量，使透水圆筒保持一定的水位（约 150 mm），待溢流水槽的溢流口和透水圆筒的溢流口的流水量稳定后，用量筒从出水口接水，记录 5 min 流出的水量(Q)，测量 3 次，取算术平均值。

d. 用钢直尺测量透水圆筒的水位与溢流水槽水位之差(H)，精确至 1 mm。用温度计测量实验中溢流水槽中水的温度(T)，精确至 0.5℃。

透水系数应按下式计算：

$$k_T = \frac{QL}{AHt} \qquad\qquad (4-14)$$

式中：k_T——水温为 T℃时试样的透水系数，mm/s；

　　　Q——时间 t 秒内渗出的水量，mm³；

　　　L——试样的厚度，mm；

　　　A——试样的上表面积，mm²；

　　　H——水位差，mm；

　　　t——时间，s。

实验结果以 3 块试样测定值的算术平均值表示，计算精确至 1.0×10^{-2} mm/s。

本试验以 15℃水温为标准温度，标准温度下的透水系数应按下式计算：

$$k_T = k_{15}\frac{\eta_T}{\eta_{15}} \qquad\qquad (4-15)$$

式中：k_{15}——标准温度时试样的透水系数，mm/s；

　　　η_T——T℃时水的动力黏滞系数，KPa·s；

　　　η_{15}——15℃时水的动力黏滞系数，KPa·s；

　　　$\dfrac{\eta_T}{\eta_{15}}$——水的动力黏滞系数比。

（4）抗压强度的测定。

① 实验设备。

压力实验机：试件破坏荷载宜大于压力机全量程的 20% 且宜小于压力机全量程的 80%；示值相对误差应为 ±1%；具有加荷速率指示装置或加荷速率控制装置，并应能均匀、连续地加荷。

② 试件制备和养护。

试件制备符合标准规定。取先行进行透水速率测试的尺寸为 150 mm×150 mm×150 mm 的试件三块，将表面水用湿布擦干。

③ 实验步骤：

a. 试件到达实验龄期，从养护地点取出，应检查其尺寸及形状，试件放置在实验机前，应将试件表面与上、下承压板面擦拭干净。

b. 以试件成型时的侧面为承压面，将试件安放在实验机的下压板或垫板上，试件的中心应与实验机下压板中心对准。启动实验机，试件表面与上、下承压板或钢垫板应均匀接触。

c. 实验过程中应连续均匀加荷，加荷速率应取 0.3～0.5 MPa/s。

d. 当试件接近破坏状态开始急剧变形时，应停止实验调整机油门，直至破坏，并记录破坏荷载。

透水混凝土立方体试件抗压强度应按下式计算：

$$f = \frac{F}{A} \tag{4-16}$$

式中：f——透水混凝土立方体试件抗压强度，MPa；

$\quad\quad F$——试件破坏荷载，N；

$\quad\quad A$——试件承压面积，mm^2。

立方体试件抗压强度的评定方法为取三个试件测定值的算术平均值作为该组试件的强度，应精确至 0.1 MPa。当三个测定值中的最大值或最小值中有一个与中间值的差值超过中间值的 15% 时，应把最大及最小值剔除，取中间值作为该组试件的抗压强度；当最大值和最小值与中间值的差值均超过中间值的 15% 时，该组试件的实验结果无效。

采用非标准试件时，尺寸换算系数应由实验确定。

(5) 劈裂抗拉强度的测定。

① 实验设备：

压力实验机：试件破坏荷载宜大于压力机全量程的 20% 且宜小于压力机全量程的 80%；示值相对误差应为 ±1%；具有加荷速率指示装置或加荷速率控制装置，并应能均匀、连续地加荷。

垫块：垫块应采用横截面为半径 75 mm 的钢制弧形垫块（见图 4-5），垫块的长度应与试件相同。

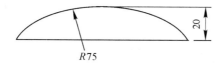

图 4-5　垫块（单位：mm）

垫条：应由普通胶合板或硬质纤维板制成，宽度应为 20 mm，厚度应为 3～4 mm，长度不应小于试件长度，垫条不得重复使用。普通胶合板应满足现行国家标准(GB/T9846)《普通胶合板》中一等品及以上的相关要求。硬质纤维板密度不应小于 900 kg/cm³，表面应砂光，其他性能应满足现行国家标准(GB/T 12626)《湿法硬质纤维板》的相关要求。

定位支架：钢支架。

② 试件制备和养护。

试件制备符合标准规定。制备尺寸为 150 mm×150 mm×150 mm 的试件三块，标准养护至 28d。

③ 实验步骤：

a. 试件到达实验龄期，从养护地点取出后及时进行实验。试件放置在实验机前，将试件表面与上、下承压板面擦拭干净，在试件成型时的顶面和底面中部画出相互平行的直线，确定劈裂面的位置。

b. 将试件放在实验机下承压板的中心位置，劈裂承压面和劈裂面应与试件成型时的顶面垂直。在上、下压板与试件之间垫以圆弧形垫块及垫条各一条，垫块与垫条应与试件上、下面的中心线对准并与成型时的顶面垂直。宜把垫条及试件安装在定位架上使用。

c. 开启实验机，试件表面与上、下承压板或钢垫板应均匀接触。在实验过程中应连续均匀地加荷，加载速率宜取 0.02~0.05 MPa/s。当试件接近破坏状态开始急剧变形时，应停止实验并调整机油门直至破坏，并记录破坏荷载。

透水混凝土劈裂抗拉强度应按下式计算，计算结果精确至 0.01 MPa：

$$f_{ts}=\frac{2F}{\pi A}=0.637\frac{F}{A} \tag{4-17}$$

式中：f_{ts}——劈裂抗拉强度，MPa；

　　　F——试件破坏荷载，N；

　　　A——试件劈裂面面积，mm²。

透水混凝土劈裂抗拉强度值的评定方法为取三个试件测定值的算术平均值作为该组试件的劈裂抗拉强度，应精确至 0.1 MPa。当三个测值中的最大值或最小值中有一个与中间值的差值超过中间值的 15% 时，应把最大及最小值剔除，取中间值作为该组试件的抗压强度；当最大值和最小值与中间值的差值均超过中间值的 15% 时，该组试件的实验结果无效。

采用非标准试件时，尺寸换算系数应由实验确定。

(6) 抗折强度的测定。

透水混凝土的抗折强度，也称抗弯拉强度。

① 实验设备。

压力实验机：试件破坏荷载宜大于压力机全量程的 20% 且宜小于压力机全量程的 80%；示值相对误差应为 ±1%；具有加荷速率指示装置或加荷速率控制装置，并应能均匀、连续地加荷。

抗折实验装置：双点加荷的钢制加荷头应使两个相等的荷载同时垂直作用在试件跨度的两个三分点处；与试件接触的两个支座头和两个加荷头应采用直径为 20~40 mm、长度不小于(d+10)mm 的硬钢圆柱，支座立脚点应为固定铰支，其他三个应为滚动支点。实验装置见图 4-6。

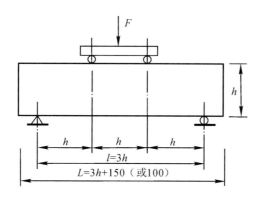

图 4 - 6　抗折实验装置

② 试件制备：

标准试件应为边长为 150 mm×150 mm×600 mm 或 150 mm×150 mm×550 mm 的棱柱体试件，每组试件应为三块。

③ 实验步骤：

a. 当试件到达实验龄期时，从养护地点将其取出后应及时进行实验。将试件放置实验机前，把试件表面与上、下承压板面擦拭干净，并在试件侧面画出加荷线位置。

b. 安装试件时，可调整支座和加荷头位置。安装尺寸偏差不得大于 1 mm。试件的承压面应为试件成型时的侧面。支座及承压面与圆柱的接触面应平稳、均匀，否则应垫平。

c. 开启实验机，在实验过程中应连续均匀地加荷，加载速率宜取 0.02～0.05 MPa/s。当试件接近破坏开始急剧变形时，应停止实验调整机油门直至破坏，并记录破坏荷载及试件下边缘断裂位置。

抗折强度实验结果计算应按下列方法进行。

若试件下边缘断裂位置处于两个集中荷载作用线之间，则试件的抗折强度 f_1 应按下式计算，计算结果应精确至 0.1 MPa：

$$f_1 = \frac{Fl}{b\,h^2} \qquad\qquad (4-18)$$

式中：f_1——混凝土抗折强度，MPa；

　　　F——试件破坏荷载，N；

　　　l——支座间跨度，mm；

　　　b——试件截面宽度，mm；

　　　h——试件截面高度，mm。

应以三个试件测定值的算术平均值作为该组试件的抗折强度，应精确至 0.1 MPa。当三个测定值中的最大值或最小值中有一个与中间值的差值超过中间值的 15% 时，应把最大值和最小值一并舍除，取中间值作为该组试件的抗折强度；当最大值和最小值与中间值的差值均超过中间值的 15% 时，该组试件的实验结果无效。

在三个试件中，当有一个折断面位于两个集中荷载之外时，混凝土抗折强度应按另两个试件的实验结果计算。当这两个测定值的差值不大于这两个测值的较小值的 15% 时，该组试件的抗折强度应按这两个测定值的算术平均值计算，否则该组试件的实验结果无效。

当有两个试件的下边缘断裂位置位于两个集中荷载作用线之外时，该组试件实验无效。

采用非标准试件时，尺寸换算系数应由实验确定。

(7) 抗剥蚀性的测定。

① 实验设备。

电子天平：最大量程 5 kg，分度值为 0.1 g；

实验筛：应符合国家标准(GB/T6003.2—2012)的规定；

洛杉矶磨耗实验机；

筛子、测量直尺、铲子等。

② 试件制备。

制备尺寸为 $\phi 100$ mm×200 mm 的圆柱体试样三块，在标准养护室内养护至 28d。

③ 实验步骤。

透水混凝土抗剥蚀性能实验，按以下步骤进行：

a. 按透水混凝土标准成型方法成型 $\phi 100$ mm×200 mm 的圆柱体试样，一组三块，成型两组备用。

b. 标准养护 28d 后，从标准养护室内先取出一组，然后用湿毛巾将试件表面擦干。

c. 用天平称取饱和面干试件的初始质量 m_{b1}，精确至 1 g。

d. 将 3 个试件放入洛杉矶磨耗实验机内，不加钢球。开启实验机，控制实验机转速为 30～33 r/min，共计 500 转。

e. 500 转以后，将剥蚀实验后的试件放置在 25 mm 实验筛上进行筛分。称取筛子上混凝土的质量 m_{b2}，精确至 1 g。

透水混凝土抗剥蚀性可用剥蚀质量损失率作为评定的依据。透水混凝土剥蚀质量损失率应按下式计算，精确至 0.1。

$$B = \frac{m_{b1} - m_{b2}}{m_{b1}} \times 100\% \tag{4-19}$$

式中：B——透水混凝土剥蚀质量损失率，%；

　　　m_{b1}——透水混凝土试件的初始质量，g；

　　　m_{b2}——剥蚀实验后透水混凝土试件的初始质量，g。

(8) 抗冻性的测定。

本方法适用于在气冻水融条件下透水混凝土试件的测定，以经受的冻融循环次数表示透水混凝土的抗冻性。

① 实验设备。

冻融实验箱：实验箱应能使试件静止不动，并能在气冻水融条件下进行冻融循环。在满载运行的条件下，冷冻期间冻融实验箱内空气温度保持在 −20～−18℃ 的范围内；融化期间冻融实验箱内浸泡混凝土试件的水温保持在 18～20℃ 的范围内；满载时冻融实验箱内各点温度极差不应超过 2℃。

试件架：试件架应采用不锈钢或其他耐腐蚀的材料制作，其尺寸应与冻融实验箱和所装试件相适应。

称量设备：设备的最大量程应为 20 kg，感量不应超过 5 g。

压力实验机：实验机的测量精度为 ±1%，试件破坏荷载应大于压力实验机全量程的

20%且小于压力实验机全量程的80%，应具有加荷速率显示装置或加荷速率控制装置，并应能均匀、连续加荷。

温度传感器：传感器的温度检测范围不应小于−20～20℃，测量精度应为±0.5℃。

② 试件制备。

制备尺寸为150 mm×150 mm×150 mm的试件三组。

③ 实验步骤：

a. 应将养护龄期为24d的试件提前从养护地点取出，随后浸泡在(20±2)℃的水中，浸泡时水面应高出试件顶面20～30 mm，浸泡时间应为4d，试件应在达到28d龄期时开始进行冻融实验。始终在水中养护的冻融实验的试件，当试件养护龄期达到28d时，可直接进行后续实验，此种情况应在实验报告中予以说明。

b. 当试件养护龄期达到28d时应及时取出冻融实验的试件，用湿布擦除表面水分后对试件分别编号、称重，并对外观详细观察，详细记录试件表面破损及边角损失情况，然后按编号置入试件架内，试件架与试件的接触面积不宜超过试件底面的1/5。试件与箱体内壁之间应至少留有20 mm的空隙。试件架中各试件之间应至少保持30 mm的空隙。

c. 冷冻时间应在冻融箱内温度降至−18℃时开始计算。每次从装完试件到温度降至−18℃所需的时间应控制在1.5～2.0 h以内。冻融箱内温度在冷冻时间内应保持在−20～−18℃。

d. 每次冻融循环的试件冷冻时间不应小于4 h。

e. 冷冻结束后，应立即将试件放入温度为18～20℃的水中，使试件转入融化状态，加水时间不应超过10 min。控制系统应确保在30 min内，水温不低于10℃，且在30 min后水温能保持在18～20℃。冻融箱内的水面应至少高出试件表面20 mm。融化试件不应小于4 h。融化完毕视为该次冻融循环结束，可进入下次冻融循环。

f. 每一次冻融循环结束后应对冻融试件进行一次外观检查。当出现严重破坏时，应立即称重。若一组试件的平均质量损失率超过5%，可停止冻融循环实验。

g. 试件在达到规定的25次冻融循环次数或施工方委托的冻融循环次数后，应称重试件并进行外观检查，详细记录试件表面破损及边角损失情况。

h. 当冻融循环因故中断且试件处于冷冻状态，直至恢复冻融实验为止，应将故障原因及暂停时间在实验报告中注明。当试件处在融化状态下因故中断时，中断时间不应超过两个冻融循环的时间。在整个实验过程中，超过两个冻融循环时间的中断故障次数不得超过两次。

i. 若部分试件由于失效破坏或者停止实验被取出，应用空白试件填充空位。

j. 对比试件应继续保持原有的养护条件，直至冻融循环完成后，与冻融实验的试件同时进行抗压实验。

当冻融循环出现下列三种情况之一时，可停止实验：

已达到规定的循环次数；

抗压强度损失率已达到25%；

质量损失率已达到5%。

抗冻等级应以抗压强度损失率不超过25%，质量损失率不超过5%时的最大冻融循环次数确定。

冻融实验的抗压强度损失率按下式计算,计算结果精确至 0.1:

$$\Delta R = \frac{R - R_\mathrm{D}}{R} \times 100\%$$ (4-20)

式中:ΔR——冻融循环后的抗压强度损失率,%;

　　　R——对比试件抗压强度实验结果的平均值,MPa;

　　　R_D——冻融实验后试件抗压强度实验结果的平均值,MPa。

(9) 抗堵塞性能的测定。

本方法适用于测定透水混凝土试件在堵塞砂土影响下,在经受一定的堵塞、雨淋、干燥循环后,仍能保持透水混凝土使用要求的透水速率的性能。

① 实验设备。

符合标准的透水速率测试设备。

② 试件的制备。

制备尺寸为 150 mm×150 mm×150 mm 的试件三组,使用养护 7d 的试件进行测试。

③ 实验步骤。

透水混凝土透水速率保持率实验应按照下列步骤进行:

a. 按照表 4-4 的颗粒粒径分布配置堵塞砂土。

表 4-4　堵塞砂土颗粒粒径分布

粒径/mm	筛子目数	质量比例/%
1.18~2.36	8~14	20
0.6~1.18	14~28	20
0.3~0.6	28~48	20
0.15~0.3	48~100	15
小于 0.15	100 以上	25

b. 按渗透系数测试方法测试试件的初始渗透系数 k_{T0},之后放入 60℃ 的烘箱中烘干至恒重,取出放在干燥器内冷却至室温。

c. 将试件安装到渗透系数测试设备上,然后在试件表面平铺 200 g 的堵塞砂土。

d. 使用喷壶将 3 L 清水在 5~10 min 内喷淋在试件上,待水完全渗过试件后,小心将试件从测试设备取下,放入托盘并放入 60℃ 的烘箱中烘干至恒重,取出放在干燥器内冷却至室温。

e. 用小毛刷轻轻地清扫试件表面,直至没有砂土扫落。

此时,试件已经历一次堵塞循环操作,然后进入下一个抗堵塞循环,重复上述步骤,分别测试该试件经历 10 次、15 次、20 次堵塞循环后的渗透系数 k_{Tn}。

渗透系数保持率应按下式计算:

$$P = \frac{k_{Tn}}{k_{T0}} \times 100\%$$ (4-21)

式中:P——渗透系数保持率,%;

　　　k_{T0}——测试试件的初始渗透系数;

k_{Tn}——经历堵塞实验后的渗透参数。

经历相应次数的堵塞循环后，透水混凝土渗透系数保持率的结果评定取三个试件测试值的算术平均值作为该组试件的渗透系数保持率。若三个测定值中的最大值或最小值中有一个与中间值的差值超过中间值的 15%，应把最大值和最小值一并舍除，取中间值作为该组试件的测试值；若最大值和最小值与中间值的差值均超过中间值的 15%，该组试件的实验结果无效。

5. 检测结果

武汉大学海绵城市建设水系统科学湖北省重点实验室葛宇川、刘数华等人采用亚东 P.O42.5普通硅酸盐水泥、硅灰、5～10 mm 的碎石骨料以及 GK - 3000 聚羧酸高效减水剂等原材料配制出了透水系数为 6～9 cm/s，28 d 抗压强度可以达到 25～30 MPa 的高强透水混凝土。混凝土配合比及实验检测结果如表 4 - 5 和表 4 - 6 所示。

表 4 - 5　混凝土配合比

组别	石料/kg	水泥/kg	硅灰/kg	减水剂/kg	水/kg	水胶比	骨胶比
C1	1.750	0.393	0.017	0.00574	0.0984	0.24	4.27
C2	1.750	0.390	0.020	0.00574	0.1060	0.26	4.27
C3	1.600	0.360	0.040	0.00615	0.1000	0.25	4.00
C4	1.800	0.360	0.040	0.00615	0.1000	0.25	4.50

表 4 - 6　抗压强度和透水系数

组别	抗压强度/MPa		透水系数/(cm/s)	
	14d	28d	14d	28d
C1	18.67	28.59	7.68	8.12
C2	18.03	27.31	7.51	7.54
C3	19.53	30.57	5.96	6.02
C4	17.05	25.84	8.35	8.68

6. 注意事项

(1) 透水水泥混凝土配合比的试配应符合下列规定：

① 应按计算配合比进行试拌，并检验透水水泥混凝土的相关性能。当出现浆体在振动作用下过多坠落或不能均匀包裹集料表面的情况时，应调整透水水泥混凝土浆体用量或外加剂用量，达到要求后再确定透水水泥混凝土强度实验的基准配合比。

② 进行透水水泥混凝土强度实验时，应选择三个不同的配合比，其中一个为基准配合比，另外两个配合比的水胶比宜在基准水胶比的基础上分别增减 0.05，用水量宜与基准配合比相同。制作试件时应目视确定透水水泥混凝土的工作性能。

③ 根据实验得到透水水泥混凝土强度、孔隙率与水胶比的关系，采用作图法或计算法求出满足孔隙率和透水水泥混凝土配制强度要求的水胶比，据此确定水泥用量和用水量，确定最终的水泥混凝土配合比。

（2）透水混凝土试件的制备及养护。

透水混凝土试件的制备及养护，参照(GB/T 50080—2016)《普通混凝土拌合物性能实验方法标准》进行。

① 透水混凝土试件的制备。

透水混凝土试件的制备可采用水泥浆裹石法。利用强制式混凝土搅拌机进行混合料搅拌，先加入全部的水、砂子、水泥以及矿物掺和料和高效减水剂，搅拌 90 s，形成均匀的水泥浆体。然后再加入粗骨料继续搅拌 120 s，使水泥浆体能够充分、均匀地包裹住骨料，形成新拌的透水混凝土。透水混凝土拌合物的最佳状态为抓一把拌合物用手轻轻地可以握住成团，松手不会散开，也没有明显的水泥浆体流淌情况，骨料颗粒透着微微的金属光泽。透水混凝土用搅拌机拌好后，再人工拌合一会，使它拌合均匀。最后立即进行透水混凝土的装模成型，成型速度要快，因为拌合物比较干硬，很容易因为水分蒸发而影响凝结。新拌透水混凝土装模时，采用手工插捣和机械振捣相结合的方式，即先装 1/3 模具高的透水混凝土，用捣棒均匀地插捣 25 次，然后放在振动台上，振动 5 s，接着继续重复以上的步骤，直到装满试模。

② 透水混凝土试件的养护。

在透水混凝土试件成型后，立即用表面涂过机油的塑料薄膜覆盖，防止因水分蒸发影响水泥的水化以及骨料颗粒之间的黏结，进而影响到混凝土强度。将透水混凝土试件放在标准养护室中养护 24 h 后脱模，然后进行洒水养护，平均每天洒水三次，依情况增减洒水的次数，直至养护到 28 d 实验测试龄期。因为前期在试配过程中，发现由于透水混凝土的多孔结构，导致采取水溶液浸泡养护时，水泥水化的 $Ca(OH)_2$ 很容易溶解在水中，使得水泥浆体变得疏松，增加了微孔隙的数量，影响透水混凝土的强度，因而采用洒水养护的方式，每次不需要多洒，只需保证混凝土表面湿润既可。

7. 练习题(详见二维码)

4.2.2　智能建筑材料实验

1. 概述

（1）智能建筑材料的定义。

随着材料科学技术的发展，20 世纪 90 年代，出现了"智能材料"的概念。智能材料(Intelligent Materials)是模仿生命系统，感知环境变化，并能实时改变自身的一种或多种性能参数，实现所期望的、能与变化后的环境相适应功能的复合材料或材料的复合。

从概念来说智能建筑材料一般指具有自感知、记忆、自适应、自修复能力的多功能材料，并非一定是专门研制的一种新型材料，大多是根据需要选择两种或多种不同的材料按照一定的比例，以某种特定的方式复合起来，或是在所用材料构件中埋入某种功能材料或器件，使这种新组合材料具有某种或多种机敏特性甚至智能化的功能。对环境能够产生反应的液体、合金、合成物、水泥、玻璃、陶瓷和塑料等材料，应用范围十分广阔。由于智能材料具有传统材料不具备的特殊优异的性能，已成为全球研究和开发的热点。

智能材料与常规建筑材料的结合，形成了智能建筑材料。所谓智能建筑材料，指的是对生命系统进行模仿，能够感知环境的变化，并且能够根据所感知的变化改变材料参数从而实现与环境相适应功能的一种复合型建筑材料。

（2）智能建筑材料的分类。

智能建筑材料的分类较为复杂，目前还没有统一的分类方法，按照功能区分，主要可分为智能传感材料、智能驱动材料、智能修复材料以及智能控制材料。

智能传感材料：这种材料可以实现对磁、电、热等各种信号的监测，具有良好的信息反馈能力。较常见的智能传感材料有微电子传感器和光线材料等，其中光线材料可以监测到温度变化的物理参数，是一种常用的智能材料。

智能驱动材料：这种材料可以对电场变化和温度变化进行监测和分析，掌握被测物准确的位置和形状，并能够进行有效的数据记忆和数据统计。

智能修复材料：这种材料可以模仿动物的恢复能力和再生能力，通过黏结材料的反应对损坏部位进行自我修复，以此有效提高建筑材料的使用性能和使用寿命。

智能控制材料：这种材料可以根据智能传感材料的反馈信息进行综合分析，结合实际情况对其他智能材料进行控制，例如控制智能驱动材料进行修复，以此实现智能材料的系统化控制。

2. 智能混凝土

从以上分析可以看出，智能建筑材料从本质上来说就是常规建筑材料与智能材料的复合化建筑材料。常规建筑材料目前都在向复合化、绿色化及智能化方向发展，笔者无法一一列举，本书仅以目前用量最大的混凝土建筑材料为例，说明目前的建筑材料智能化发展及应用现状，以期对读者有所启示。

智能混凝土（Smart concrete）是智能材料的一个研究分支，也是国内外研究开发的一种新材料。智能混凝土分为狭义智能混凝土和广义智能混凝土两类。狭义智能混凝土是指在混凝土成型过程中加入某种或某些材料，以形成具有特殊功能的混凝土复合材料。广义智能混凝土除包括狭义智能混凝土外，还包括利用光纤光栅等传感元件或形状记忆合金等驱动装置形成的具有健康监测和振动控制功能的智能混凝土。智能混凝土从目前的研究及应用情况看，主要包括碳纤维智能混凝土、光纤智能混凝土、自诊断智能混凝土、自调节智能混凝土、自修复智能混凝土等。本书结合最新的研究热点及概念分类方法，简单介绍智能透明混凝土、智能相变混凝土及智能修复混凝土。

（1）智能透明混凝土。

谈到土木工程中的透明性材料，人们首先会想到的是玻璃，混凝土在人们的印象中是昏暗、不透明的，建筑材料的透明性似乎已经自然地与玻璃联系在一起了。为改变这一固有印象并开发新材料，2001 年，匈牙利建筑师 Aron Losonczi 首次提出了透明混凝土的概念，并于 2003 年使用普通光纤成功研制出了透光的混凝土。透明混凝土不仅与普通混凝土一样结实牢固，还具有一项明显的优势：由于植入了数以千计的玻璃纤维，可以透过这种混凝土看见对面物体的轮廓，所以目前常用的透光技术是借助于植入在混凝土内部的玻璃光导纤维等透光材料实现的，使光线能从混凝土的一端传入再从另一端传出。

　　因此，智能透明混凝土指的是在混凝土中加入相应的透光材料，集节能与感知于一体的新型建筑材料。智能透明混凝土具有透光性、美观、环保节能的特性，在一定程度上可以降低日常照明耗能，节约能源。

　　从目前的研究成果看，对于智能透明混凝土，常用的评价指标主要包括透光性能、光弹效应、抗冻融性能及抗渗透性能等。对于透光性及光弹效应，目前没有相关的统一检测标准。下面根据目前的研究成果，介绍常用的实验方法。

　　透光性能检测：由于目前常用的混凝土导光材料是塑料光纤、玻璃光纤及红外光纤等，因此常按一定的间距或体积比布设光纤，并采用一定的标准试件尺寸(100 mm×100 mm×1000 mm)浇筑透明混凝土，采用光功率计测定其透光率。

　　光弹效应检测：某些各向同性的透明介质，在机械应力作用下具有双折射的性质，又称机械双折射、应力双折射或光弹效应等。常用实验材料包括混凝土试块(100 mm×100 mm×100 mm)、玻璃棒、光弹实验仪、凸透镜等。

　　抗冻融及抗渗透性能检测：目前可参考(GB/T 50082—2009)《普通混凝土长期性能和耐久性能实验方法标准》并结合实际要求制定相应的检测方案。

　　(2)智能相变混凝土。

　　相变材料是一种热功能材料，可以将能量以相变潜热的形式储存起来，再根据不同的需求将储存的能量释放出来。相变储能是通过相变储能材料在特定温度或温度范围内发生物质相态的变化，并且随着相变过程吸收或放出大量的相变潜热来实现能量储存的。从材料的化学组成来看，相变材料可分为无机类和有机类。其中无机类相变材料主要包括结晶水合盐、金属及合金等；有机相变材料主要包括石蜡、多元醇、癸酸、棕榈酸等有机物。

　　在混凝土中加入相变材料，主要是因为其具有蓄热特性，在温度升高至相变点时发生相变吸收热量，当温度降低至相变点时亦可相变放出热量，因此可用于控制大体积混凝土的水化热升温速率，有效地控制混凝土内部的温度变化。

　　相变材料目前在建筑节能应用中主要利用其热物理性能，主要包括合适的相变温度、较大的相变潜热及合适的导热性能，因此对于相变混凝土而言，其主要的实验测定指标包括隔热保温性能、体积密度、导热系数、比热容以及蓄热系数等，同时也包括抗压强度及耐久性能的测试，实验方法可参考常规混凝土检测方法，同时结合工程需求及研究目的制定相应实验方案。

　　(3)智能修复混凝土。

　　自修复复合材料的构想源自于仿生，其目标是要获得具有类似生物材料的结构及功能的"活"材料系统。因此，智能修复混凝土是指在其内部形成与生物体相似的修复系统，当基体材料出现损伤或裂缝时，能够自动触发修复反应使其实现自我修复功能的混凝土材料。

　　智能修复混凝土中掺加的特殊组分一般为含胶黏剂的液芯纤维或胶囊、形状记忆合金或聚合物、活性无机掺合料等。含胶黏剂的液芯纤维或胶囊破裂后，胶黏剂流出深入裂缝并硬结，恢复甚至提高开裂部分的强度，增强延性弯曲的能力，从而提高整个结构的性能。

　　目前，对于智能修复混凝土而言，研究大致集中在三个方面：内置纤维胶液管自修复混凝土、内置胶囊自修复混凝土、形状记忆合金智能自修复混凝土。虽然国内外研究人员已对混凝土自修复课题开展了许多重要的研究，取得了一定的研究效果，但是对于如何适时快速修复混凝土材料损伤的研究,尚处于起步阶段,没有形成系统的理论和应用方法,目前尚有许多问题需要解决。

对于智能修复混凝土的评价及检测,主要根据其自修复效果进行评价,例如裂缝的封闭率、材料的强度回复率、变形性能、抗渗性能等,目前还未形成统一的评价指标及实验方法,同样要结合工程需求及研究目的制定相应的综合性评价及实验方案。

(4)其他品种混凝土。

除了以上介绍的透明混凝土、相变混凝土、修复混凝土外,随着技术的进步,目前在工程中出现了如3D打印混凝土、石墨注浆钢纤维混凝土、高延性混凝土等新型材料,下面对此做一简要介绍。

3D打印混凝土:3D打印实际上是一种快速成型技术,学名又叫"增材制造"。"增材"是将材料堆积或黏合成三维物体的打印方式,"制造"指一系列可重复、可测量的实体制作过程。3D打印的本质是一种连续的物理层叠加过程,因此称为"增材制造"。普通打印机所需要的材料只是墨水和纸张,3D打印机的耗材主要是胶状物或粉状物,并且还需要经过特殊处理,对材料的固化反应速度也有很高的要求。现有3D打印技术多使用ABS、人造橡胶、塑料、沙子、铸蜡和聚酯热塑性塑料等材料,这些材料多为粉末或者黏稠的液体,这主要是由3D打印的固化方式所决定的。3D打印混凝土是通过计算机所设定的程序控制轮廓工艺机的机械手臂、定位喷嘴,使建筑材料从喷嘴中挤出,并将其运送到指定位置,从而完成对各种建筑物的自动化建造。在施工过程中,建筑工人并没有参与其中,整个过程都是由机器人独立完成的,工人只在远处通过计算机来控制机器人的运动。房屋建筑的施工图保存在电脑中,机器人按照施工图完成房屋的建造。机器人前面的喷嘴将建筑材料一层一层地挤出,类似挤牙膏的动作,在挤出材料的同时,喷嘴的两侧会自动伸出两个铲子将材料抹平。机器人将材料一层一层地堆积起来,按照施工图自动留出门窗的位置,然后铺上第一层天花板,再在其上建造第二层房屋。3D打印所需的混凝土已经不同于传统的混凝土材料,其各项性能要求也发生了巨大的变化,不再是简单的水灰比、砂率所能决定的了。另外,材料的硬化和收缩性能也发生了根本性改变,目前的混凝土强度、耐久性等理论均不能适用于3D打印混凝土。为了获得强度高、耐久性好、满足3D打印建筑要求的混凝土材料,需要有新的理论、新的配合比设计理念、新的计算模型和新的工艺参数作为技术支撑。

石墨注浆钢纤维混凝土:砂浆渗浇钢纤维混凝土是20世纪80年代由美国Lankard材料实验室开发出的一种新型高纤维体积率的纤维混凝土,即将流动性砂浆或净浆注入事先放置于模板中的纤维骨架中浇筑而成的钢纤维混凝土,其钢纤维体积率一般为5%～20%,最高可达27%。利用石墨材料作为导电相,对渗浇砂浆进行电性能改性,就是石墨砂浆钢纤维混凝土材料。石墨注浆钢纤维混凝土作为一种新型的导电智能混凝土材料,目前对其力学、电、磁、热等性能的研究比较广泛。

高延性混凝土:高延性混凝土(HDC)是基于微观力学的设计原理,以水泥、石英砂等为基体的纤维增强复合材料,与普通混凝土相比具有高延性、高耐损伤能力、高耐久性、高强度(抗压、抗拉)的功能特点,具有良好的裂缝控制能力,被称为"可弯曲混凝土"。"高延性混凝土产品及其加固技术"是由西安建筑科技大学邓明科教授团队经过多年实验研究,开发的一种新型抗震加固技术。高延性混凝土加固技术,是指在砌体结构表面压抹高延性混凝土面层，该材料与砖墙具有非常好的粘接性，将高延性混凝土直接压抹至砖墙表面，可确保高延性混凝土与砖墙的整体性能，就像给房屋穿上一层铠甲，加强砌体房屋的整体性，显著地改善砌体结构的脆性破坏特点，提高砌体房屋的抗震性能，减轻砌体房屋的震害影响，实现防止房屋倒塌，保证人民和财产的安全的目的。目前，高延性混凝土用于砌体结构房屋的抗震加固，可加强砌体房屋的整体性，显著地改善砌体结构的脆性破坏，提高砌体房屋的抗震性能，减轻砌体房屋的震害影响。与传统加固方式相比，高延性混凝土加固技术施工工艺简单，节省工期，节省工程造价，对提高我国砌体结构房屋的安全性和抗震性能具有重要意义。

第Ⅲ部分 表格与规范

第5章 土木工程材料检测表格

5.1 水泥检测表格

水泥检测相关表格如表 5-1～表 5-6 所示。

表 5-1 水泥检验原始记录(凝结时间)

检测编号:

委托日期		检验起始日期				
品种等级		生产厂家				
使用部位		检验依据				
检验地点		检验环境				
检测用仪器设备	□ 雷氏夹 □ FZ-31A 沸煮箱 □ NJ-160 型水泥净浆搅拌机 □ 标准维卡仪					

安定性	沸煮法	裂纹	有;无		有;无	弯曲	有;无	有;无
	雷氏法	试样	A 值	C 值	C-A	平均值	技术要求	单项评定
		1						
		2						

凝结时间	加水时刻/(h:min)					
	初凝测时/(h:min)	试针距底板距离/mm	终凝测时/(h:min)	(0.5mm)环形附件有无压痕		
	初凝时刻/(h:min)		终凝时刻/(h:min)			
	初凝时间/min		终凝时间/min			
	技术要求		技术要求			
	单项评定					

审核: 检验:

表 5 - 2 　水泥检验原始记录(化学成分)

检测编号：

委托日期		检验起始日期	
品种等级		生产厂家	
使用部位		检验依据	
检验地点		检验环境	
检测用仪器设备	SX - 10 - 13 箱式电阻炉 　□Ca - 5 型水泥游离氧化钙测定仪 　□坩埚		

烧失量	序号	皿加样品质量/g	皿质量/g	坩埚质/g	灼烧后质量/g		烧失量/%	
					样+坩埚	样品	单值	结果
	1							
	2							
单项评定								

三氧化硫	重量法(基准法)	序号	皿加样品质量/g	皿质量/g	坩埚质量/g	灼烧后质量/g		三氧化硫/%	
						沉淀+坩埚	沉淀	单值	结果
		1							
		2							
单项评定									

游离 CaO 含量/%	序号	样品质量/g	滴定时消耗苯甲酸-无水乙醇标液的体积/ml	每毫升苯甲酸-无水乙醇相当氧化钙毫克数/(mg/ml)	结果
	1				
	2				
单项评定					

审核：　　　　　　　　　　　　　　　　　　　　　　　　　　　　　　检验：

表 5-3　水泥检验原始记录(化学成分)

检测编号：

委托日期				检验起始日期		
品种等级				生产厂家		
使用部位				检验依据		
检验地点				检验环境		
检测用仪器设备			□ FP640 型火焰光度计 □ CCL-5 型氯离子分析仪			

碱含量	标准曲线	Na	标液浓度/(μg/mL)			
			谱线强度			
			相关系数			
		K	标液浓度/(μg/mL)			
			谱线强度			
			相关系数			

Na_2O 含量/%	序号	皿加样品质量/g	皿的质量/g	样品质量/g	Na 含量/%	Na_2O 含量/%	
						单值	结果
	1						
	2						

K_2O 含量/%	序号	皿加样品质量/g	皿的质量/g	样品质量/g	K 含量/%	K_2O 含量/%	
						单值	结果
	1						
	2						

碱含量($Na_2O+0.658\ K_2O$)/%		单项评定	

氯离子含量	序号	样品质量/g	$Hg(NO_3)_2$ 标液用量/mL		$Hg(NO_3)_2$ 标液对氯的滴定度/(mg/mL)	Cl^- 含量/%	
			样品	空白		单值	结果
	1						
	2						
	单项评定						

审核：　　　　　　　　　　　　　　　　　　　　　　　　　　检验：

表 5 - 4 水泥检验原始记录(胶砂强度)

检测编号:

样品编号			检验起始日期	
品种等级			生产厂家	
使用部位			检验依据	
检验地点			检验环境	

检测用仪器设备		

	成型日期		检验日期					
强度检验	抗折强度	3d	抗折荷载/KN					强度代表值/MPa
			抗折强度/MPa					
		28d	抗折荷载/KN					强度代表值/MPa
			抗折强度/MPa					
	抗压强度	3d	抗压荷载/KN					强度代表值/MPa
			抗压强度/MPa					
		28d	抗压荷载/KN					强度代表值/MPa
			抗压强度/MPa					

检验结论	合格
备注	

审核: 检验:

表 5 – 5　水泥检验原始记录(安定性)

检测编号：

样品编号			检验起始日期	
品种等级			生产厂家	
使用部位			检验依据	
检验地点			检验环境	
检测用仪器设备				
检测参数	标准要求		实测值	
安定性	雷氏法	(C‑A)平均值不大于5 mm		
	试饼法	无裂缝、无弯曲、无松散	安定性描述	沸煮结果图示：
检验结论		合格		
备注				

审核：　　　　　　　　　　　　　　　　　　　　　　　检验：

表 5-6 水泥检验报告

检验编号：

样品编号				检验起始日期		
品种等级				生产厂家		
使用部位				检验依据		
检验地点				检验环境		
检测用仪器设备						
检测参数		标准要求			实测值	

1 安定性	标准稠度	—
	雷氏法	(C-A)平均值不大于 5(mm)

2 强度	龄期	抗折强度/MPa			抗压强度/MPa		
		标准值	实测值		标准值	实测值	
			单个值	平均值		单个值	平均值
	3d	≥			≥		
	28d	≥			≥		

3 凝结时间	初凝	不小于 45 min
	终凝	硅酸盐水泥不大于 390 min 其余水泥不大于 600 min

4 比表面积/(m²/kg)	≥300
5 水泥密度/(g/cm³)	—

胶砂流动度	≥180	
结论		
检测单位地址		联系电话
备注		

审核：　　　　　　　　　　　　　　　　　　　　　　　　　　检验：

5.2　砂石检测表格

砂石检测相关表格如表 5-7～表 5-9 所示。

表 5-7　砂石原始记录(砂-堆积密度)

检验编号：

样品编号		检验起始日期	
样品名称		生产厂家	
使用部位		检验依据	
检验地点		检验环境	
检测用仪器设备			

项目	检验值及结果					
堆积密度/(kg/m³)	容量筒容积/L	容量筒质量 m₁/g	容量筒+试样质量 m₂/g	结果	平均值	
紧密堆积密度/(kg/m³)	容量筒容积/L	容量筒质量 m₁/g	容量筒+试样质量 m₂/g	结果	平均值	
单项评定						

审核：　　　　　　　　　　　　　　　　　　　　　　检验：

表 5-8　砂石原始记录(细度模数、颗粒级配)

检测编号:

样品编号		检验起始日期	
样品名称		生产厂家	
使用部位		检验依据	
检验地点		检验环境	
检测用仪器设备			

检验值及结果

		第一次筛分(实验质量:g)			第二次筛分(实验质量:g)			平均累计筛余/%
	筛孔边长	筛余量/g	分计筛余/%	累计筛余/%	筛余量/g	分计筛/%	累计筛余/%	
颗粒级配	9.5 mm							
	4.75 mm							
	2.36 mm							
	1.18 mm							
	0.60 mm							
	0.30 mm							
	0.15 mm							
	筛底							
	合计							
	细度模数							平均细度模数( )
								( )区

审核:　　　　　　　　　　　　　　　　检验:

表 5 - 9　砂石原始记录(石-堆积密度)

检验编号:

样品编号		检验起始日期	
样品名称		生产厂家	
使用部位		检验依据	
检验地点		检验环境	
检测用仪器设备			

项目	检验值及结果				
堆积密度/(kg/m³)	容量筒容积/L	容量筒质量 m_1/g	容量筒+试样质量 m_2/g	结果	平均值
紧密堆积密度/(kg/m³)	容量筒容积/L	容量筒质量 m_1/g	容量筒+试样质量 m_2/g	结果	平均值
单项评定					

审核:　　　　　　　　　　　　　　　　　　　　　　　　　　　　　　检验:

5.3　混凝土检测表格

混凝土检测相关表格如表 5 - 10、表 5 - 11 所示。

表 5 – 10　混凝土配合比设计实验原始记录

检测编号：		样品编号：			检验依据：
实验下达日期：		实验日期：			
强度等级：		标准差/MPa：		实验温度：_____℃　实验湿度：_____%	
抗渗等级：		配制强度/MPa：		浇筑方法：	
				坍落度要求(mm)	

原材料指标	水泥	品种：	样品编号：	强度等级：	$R_{快}$/MPa：	R_{28}/MPa：	报告编号：
	砂	品种：	样品编号：	表观密度/(kg/m³)：	堆积密度/(kg/m³)：	细度模数：	报告编号：
	石	品种：	样品编号：	表观密度/(kg/m³)：	堆积密度/(kg/m³)：	颗粒级配：	报告编号：
	掺合料	品种：	样品编号：	等级：	细度：	需水量比：	报告编号：
	外加剂	品种：	样品编号：	类型：	掺量：	减水率：	报告编号：

混凝土配合比设计计算	(1)试配强度(2)水胶比(3)砂率(4)用水量(5)确定配合比

续表（一）

试拌混凝土　L 原材料用量（kg）

序号	水泥/kg	水/kg	砂/kg	石/kg	粉煤灰/kg	矿渣/kg	外加剂/kg	水灰比	砂率/%	坍落度/(mm)	维勃稠度/s	坍落流动度/mm	黏聚性	保水性	和易性
1															

混凝土强度实验

序号	项目	水泥	水	砂	石	粉煤灰	矿渣	外加剂	水灰比	砂率/%	坍落度/mm	维勃稠度/s	坍落流动度/mm	黏聚性	保水性	和易性	抗压强度/MPa		
																	R_3	R_7	R_{28}
1	设计时 1m³原材料用量/kg																		
	设配时 L 原材料用量/kg																		

续表(二)

序号	项目	水泥	水	砂	石	粉煤灰	矿渣	外加剂	水灰比	砂率/%	坍落度/mm	维勃稠度/s	坍落流动度/mm	黏聚性	保水性	和易性	抗压强度/MPa R_3	抗压强度/MPa R_7	抗压强度/MPa R_{28}
2	设计时 1m³ 原材料用量/kg																		
2	设配时 __L 原材料用量/kg																		
3	设计时 1m³ 原材料用量/kg																		
3	设配时 __L 原材料用量/kg																		

续表（三）

配合比的调整与确定	
绘制强度与胶水比的关系图	
选择第＿＿＿组混凝土配合比：	按照确定的胶水比调整材料的用量

试配完成后，混凝土表观密度的检测

项目	序号		
	1	2	3
容量筒质量 m_1/kg			
容量筒＋拌合物质量 m_2/kg			
容量筒体积 V/L			
表观密度 ρ/(kg/m³)			

配合比调整后的表观密度计算、校正系数确定、配合比确定

仪器设备：

备注：

审核：　　　　　　　　　　　　　　　检验：

表 5 - 11 混凝土抗压强度检测原始记录

委托单位：			工程名称：				委托编号：		
使用仪器：			仪器状态：				样品状态：		
环境条件：			检验标准：				委托日期：		
样品编号	设计强度等级	成型日期	试压日期	龄期/d	养护条件	受压面积/mm²	抗压强度			尺寸修正系数	养护系数	强度代表值/MPa	达设计强度/%	工程部位
							荷载/kN	单个值/MPa						
备注：														

审核： 检测：

5.4　砂浆检测表格

砂浆检测相关表格如表 5 - 12、表 5 - 13 所示。

表 5 - 12　砂浆稠度、分层度检测原始记录

委托单位:		工程名称:		委托编号:	
使用仪器:		仪器状态:		样品状态:	
环境条件:		检验标准:		委托日期:	
1 设计要求					
砂浆强度 等级		初步配合比 水泥:砂:水		每立方米砂浆各材料用量/kg	
				水泥	砂	拌合水
2 工作性能测定与调整					
砂浆沉入度 /cm	试拌砂浆	L:各材料用量:水泥　/kg,石灰膏　/kg,砂　/kg			
	第一次测试	沉入度/cm			
加水量		第二次测试	平均值		备注
3 分层度					
分层度	初始沉入度/cm	30 min 时沉入度/cm		分层度/cm	
备注:					
审核:				检验:	

表 5 – 13　砂浆抗压强度检测原始记录

委托单位：					工程名称：				委托编号：	
使用仪器：					仪器状态：				样品状态：	
环境条件：					检验标准：				委托日期：	

样品编号	设计强度等级	成型日期	试压日期	龄期/d	养护条件	受压面积/mm²	抗压强度		强度代表值/MPa	达设计强度/%	工程部位
							荷载/kN	单个值 k=1.35			

备注：

审核：　　　　　　　　　　　　　　　　　　　　　检测

5.5 烧结普通砖检测表格

烧结普通砖检测相关表格如表 5-14～表 5-17 所示。

表 5-14 烧结普通砖尺寸偏差原始记录

检测编号：

检测项目		样品名称	
规格尺寸		检验起始时间	
强度等级		使用部位	
检验地点		检验环境	
检验依据			
检测用仪器设备			

	样品编号	检 测 结 果																			
		1	2	3	4	5	6	7	8	9	10	11	12	13	14	15	16	17	18	19	20
公称尺寸/mm		实测情况 mm																			
240	测定值（精度 0.5）																				
	单块平均值																				
	20 块平均值																				
	平均偏差																				
	极差																				

续表

公称尺寸/mm	样品编号	1	2	3	4	5	6	7	8	9	10	11	12	13	14	15	16	17	18	19	20
	实测情况（mm）																				
115	测定值（精度0.5）																				
	单块平均值																				
	20块平均值																				
	平均偏差																				
	样本极差																				
53	测定值（精度0.5）																				
	单块平均值																				
	20块平均值																				
	平均偏差																				
	极差																				
尺寸偏差判定																					

审核：

检验：

表 5－15　烧结普通砖体积密度、吸水率、含水率、孔隙率

检测编号：

检测项目		样品名称	
规格尺寸		检验起始时间	
强度等级		使用部位	
检验地点		检验环境	
检验依据			
检测用仪器设备			

检测结果

检测内容	编号																			
	1	2	3	4	5	6	7	8	9	10	11	12	13	14	15	16	17	18	19	20
长/mm																				
宽/mm																				
高/mm																				
体积/cm³																				
质量/g																				
表观密度/(g/cm³)																				
吸水率/%																				
含水率/%																				
孔隙率/%																				
备注																				

审核：　　　　　　　　　　　　　　　　　　　　检验：

表 5－16　烧结普通砖外观质量检测记录表

检测编号：

检测项目		样品名称	
规格尺寸		检验起始时间	
强度等级		使用部位	
检验地点		检验环境	
检验依据			
检测用仪器设备			

检测结果									
序号	两条面高度差	弯曲	杂质凸出砖面高度	缺棱掉角的三个破坏尺寸	裂纹长度 A	裂纹长度 B	完整面	颜色	单项结论
1									
2									
3									
4									
5									
6									
7									
8									
9									
10									
11									
12									
13									
14									
15									
16									
17									
18									
19									
20									

续表

21									
22									
23									
24									
25									
26									
27									
28									
29									
30									
31									
32									
33									
34									
35									
36									
37									
38									
39									
40									
41									
42									
43									
44									
45									
46									
47									
48									
49									
50									

审核： 检验：

表 5 – 17　烧结普通砖抗压强度原始记录

检测编号：

检测项目			样品名称		
规格尺寸			检验起始时间		
强度等级			使用部位		
检验地点			检验环境		
检验依据					
检测用仪器设备					
检测结果					

序号	强度实验						
	承压面长/mm		承压面宽/mm		抗压荷载/kN	抗压强度/MPa	
	测量值	平均值	测量值	平均值		单块值	平均值/标准值
1							
2							
3							
4							
5							
6							
7							
8							
9							
10							
强度等级判定							

审核：　　　　　　　　　　　　　　　　　　　　　　检验：

5.6　沥青检测表格

沥青检测相关表格如表 5 - 18～表 5 - 23 所示。

表 5 - 18　沥青针入度实验记录表

检验编号：

样品编号		检验起始日期	
品种等级		生产厂家	
样品描述		检验依据	
检验地点		检验环境	
检测用仪器设备			
沥青针入度实验			
实验温度/℃			
针入度值/(0.1 mm)	一	二	三	平均值

审核：　　　　　　　　　　　　　　　　　　　　　　检验：

表 5 - 19　沥青延度实验数据记录表

检验编号：

样品编号		检验起始日期	
品种等级		生产厂家	
样品描述		检验依据	
检验地点		检验环境	
检测用仪器设备			
沥青延度实验			
实验温度/℃		延伸速度	
实验次数	1	2	3
延伸值/cm			
平均延度/cm			

审核：　　　　　　　　　　　　　　　　　　　　　　检验：

表 5 − 20　沥青软化点实验数据记录表

检测编号：

委托日期		检验起始日期	
品种等级		生产厂家	
样品描述		检验依据	
检验地点		检验环境	
检测用仪器设备			

<table>
<tr><td colspan="21" align="center">沥青软化点实验（环球法）</td></tr>
<tr><td rowspan="2">试样编号</td><td rowspan="2">室内温度℃</td><td rowspan="2">烧杯内液体名称</td><td colspan="16" align="center">烧杯中液体温度上升记录/℃</td><td rowspan="2">软化点测值℃</td><td rowspan="2">软化点</td></tr>
<tr><td>开始加热温度</td><td>一分钟末</td><td>二分钟末</td><td>三分钟末</td><td>四分钟末</td><td>五分钟末</td><td>六分钟末</td><td>七分钟末</td><td>八分钟末</td><td>九分钟末</td><td>十分钟末</td><td>十一分钟末</td><td>十二分钟末</td><td>十三分钟末</td><td>十四分钟末</td></tr>
<tr><td>1</td><td></td><td></td><td></td><td></td><td></td><td></td><td></td><td></td><td></td><td></td><td></td><td></td><td></td><td></td><td></td><td></td><td></td><td></td><td></td></tr>
<tr><td>2</td><td></td><td></td><td></td><td></td><td></td><td></td><td></td><td></td><td></td><td></td><td></td><td></td><td></td><td></td><td></td><td></td><td></td><td></td><td></td></tr>
</table>

审核：　　　　　　　　　　　　　　　　　　　　　　　　　　　　检验：

表 5 − 21　液体沥青密度与相对密度实验记录表

检测编号：

委托日期		检验起始日期	
品种等级		生产厂家	
样品描述		检验依据	
检验地点		检验环境	
检测用仪器设备	比重瓶、天平		

<table>
<tr><td colspan="8" align="center">液体沥青密度与相对密度实验</td></tr>
<tr><td>实验次数</td><td>比重瓶质量
m_1/g</td><td>比重瓶满水质量
m_2/g</td><td>比重瓶水值
m_2-m_1/g</td><td>比重瓶与试样质量
m_3/g</td><td>沥青试样的密度
$\rho_b/(g/cm^3)$</td><td>平均值</td><td>沥青试样的相对密度
γ_b</td><td>平均值</td></tr>
<tr><td>1</td><td></td><td></td><td></td><td></td><td></td><td></td><td></td><td></td></tr>
<tr><td>2</td><td></td><td></td><td></td><td></td><td></td><td></td><td></td><td></td></tr>
</table>

审核：　　　　　　　　　　　　　　　　　　　　　　　　　　　　检验：

表 5 - 22　粘稠(固体)沥青密度与相对密度实验记录表

检测编号：

委托日期		检验起始日期	
品种等级		生产厂家	
样品描述		检验依据	
检验地点		检验环境	
检测用仪器设备			

	液体沥青密度与相对密度实验								
实验次数	比重瓶质量 m_1/g	比重瓶满水质量 m_2/g	比重瓶水值 $m_2 - m_1$/g	比重瓶与试样质量 m_4/g (m_6/g)	比重瓶+试样+水质量 m_5/g (m_7/g)	沥青试样的密度 ρ_b (g/cm³)	平均值	沥青试样的相对密度 γ_b	平均值
1									
2									

审核：　　　　　　　　　　　　　　　　　　　　　　　　检验：

表 5 - 23　沥青闪点与燃点实验记录

检测编号：

委托日期		检验起始日期	
品种等级		生产厂家	
样品描述		检验依据	
检验地点		检验环境	
检测用仪器设备			

	沥青闪点与燃点实验		
试样开始时升温速度		点火方式	
试样预期闪点前 28℃ 时升温速度			
实验次数	试样闪点/℃	试样燃点/℃	备注
1			
2			
平均值			

审核：　　　　　　　　　　　　　　　　　　　　　　　　检验：

第6章　土木工程材料实验规范

6.1　水泥规范

水泥相关规范如下：

《通用硅酸盐水泥》GB175—2007

《水泥细度检验方法筛析法》GB/T1345—2005

《水泥比表面积测定方法勃氏法》GB/T8074—2008

《水泥取样方法》GB/T12573—2008

《水泥密度测定方法》GB/T208—2014

《水泥化学分析方法》GB/T750—1992

《水泥压蒸安定性试验方法》GB/T1345—2005

《实验筛金属丝编织网、穿孔板和电成型薄板筛孔的基本尺寸》GB/T6005—2008

《实验筛技术要求和检验》GB/T6003.1—2012

《水泥标准筛和筛析仪》JC/T728—2005

《水泥标准稠度用水量、凝结时间、安定性检验方法》GB/T1346—2011

《水泥胶砂强度检验方法(ISO法)》GB/T17671—1999

《行星式水泥胶砂搅拌机》JC/T681—2005

《水泥胶砂试体成型振实台》JC/T682—2005

《40mm×40mm水泥抗压夹具》JC/T683—2005

《胶砂振动台》JC/T723—2005

《电动抗折实验机》JC/T724—2005

《水泥胶砂试模》JC/T726—2005

《水泥水化热测定方法》GB/T12959—2008

《水泥胶砂流动度测定方法》GB/T2419—2005

《水泥泌水性实验方法》JC/T2153—2012

6.2　混凝土规范

混凝土相关规范如下：

《建设用砂》GB/T14684—2011

《建筑用卵石、碎石》GB/T14685—2011

《普通混凝土用砂、石质量及检验方法标准》JGJ52—2006

《普通混凝土拌合物性能实验方法标准》GB/T 50080—2016

《普通混凝土长期性能和耐久性能实验方法标准》GB/T50082—2009

《普通混凝土配合比设计规程》JGJ55—2011

《混凝土结构施工质量验收规范》GB50204—2015

《混凝土耐久性检验评定标准》JGJ/T193—2009

《混凝土坍落度仪》JG/T3021—1994

《混凝土实验室振动台》JG/T3020—1994

《混凝土物理力学性能实验方法标准》GB/T 50081—2019

《混凝土强度检验评定标准》GB/T 50107—2010

《回弹法检测混凝土抗压强度技术规程》JGJ/T23—2011

《普通混凝土长期性能和耐久性能试验方法标准》GB/T 50082—2009

《混凝土外加剂应用技术规范》GB50119—2013

《混凝土质量控制标准》GB50164—2011

《高强高性能混凝土用矿物外加剂》GB/T18736—2002

《混凝土外加剂定义、分类、命名与术语》GB/T8075—2005

《水工混凝土施工规范》DL/T5144—2001

《高性能混凝土应用技术规程》CECS207—2006

《混凝土耐久性检验评定办法》JGJ/T193—2009

《混凝土用水标准》JGJ63—2006

《自密实混凝土应用技术规程》CECS203—2006

6.3　砂浆规范

砂浆相关规范如下：

《建筑砂浆基本性能实验方法》JGJT70—2009

《抹灰砂浆技术规程》JGJT220—2010

《预拌砂浆应用技术规程》JGJT223—2010

《贯入法检测砌筑砂浆抗压强度》JGJ/T136—2017

《预拌砂浆》GB/T25181—2010

《建筑砂浆配合比设计规格》JGJ/T98—2010

《墙体饰面砂浆》JC/T1024—2007

《聚合物改性水泥砂浆试验规程》DL/T5126—2001

6.4　烧结砖和砌块规范

烧结砖和砌块相关规范如下：

《砌墙砖试验方法》GB/T 2542—2012

《烧结普通砖》GB/T 5101—2017

《普通混凝土小型空心砌块》GB8239—1997

《蒸压加气混凝土砌块》GB11968—2006

《烧结多孔砖和空心砌块》GB13544—2011

《烧结空心砖和空心砌块》GB13545—2014

《轻集料混凝土空心砌块》GB15229—2011

《粉煤灰砌块》(JC238—1991(96))

《混凝土砌块和砖试验方法》GB/T4111—2013

《蒸压加气混凝土性能实验方法》GB/T11969—2008

《烧结保温砖和保温砌块》GB26538—2011

《蒸压粉煤灰多孔砖》GB26541—2011

6.5　钢材规范

钢材相关规范如下：

《钢筋混凝土用钢 第1部分：热轧光圆钢筋》GB/T1499.1—2017

《钢筋混凝土用钢 第2部分：热轧带肋钢筋》GB/T1499.2—2018

《钢筋混凝土用钢材实验方法》GB/T28900—2012

《金属材料拉伸实验第1部分室温实验方法》GB/T 228.1—2010

《金属材料弯曲实验方法》GB/T 232—2010

《钢筋焊接接头实验方法标准》JGJ/T 27—2014

《碳素结构钢》GB/T700—2006

《冷轧带肋钢筋》GB/T13788—2017

《预应力钢绞线》GB/T5224—2014

《低合金钢》GB/T1591—2018

《预应力混凝土用钢丝》GB/T5223—2014

《低合金高强度结构钢》GB/T1591—2018

6.6　沥青规范

沥青相关规范如下：

《公路工程沥青及沥青混合料实验规程》JTG E20—2011

《公路沥青路面施工技术规范》JTG F40—2004

《沥青试样准备方法》T 0602—2011

《沥青针入度实验》T 0604—2011

《沥青延度实验》T0605—2011

《沥青软化点实验(环球法)》T0606—2011

《沥青密度与相对密度实验》T 0603—2011

《沥青闪点和燃点实验—克利夫开口杯法》T 0611—2011

《弹性体改性沥青防水卷材》GB18242—2008

《塑性体改性沥青防水卷材》GB18243—2008

《石油沥青取样方法》GB11147—2010

《建筑石油沥青》GB/T494—2010

《沥青针入度测定法》GB/T4509—2010

《沥青延度测定法》GB/T4508—2010

《沥青软化点测定法(环球法)》GB/T4507—2010

6.7　其他规范

其他相关规范如下：

《透水水泥混凝土路面技术规程》CJJ/T 135—2009

《建筑生石灰》JCT479—2013

《建筑消石灰》JCT481—2013

《建筑生石灰粉》JC－T480—1992

《大体积混凝土施工标准》GB50496—2018

《弹性建筑涂料》JG/T172—2005

《合成树脂乳液内墙涂料》GB/T9756—2009

《合成树脂乳淫外墙涂料》GB/T9755—2009

《吸声用穿孔石膏板》JG/T803—2007

《人造石》JG/T908—2013

《纸面石膏板》GB/T9775—2008

《薄型陶瓷砖》JG/T2195—2013

《轻质陶瓷砖》JG/T1095—2009

参 考 文 献

[1] 白宪臣，土木工程材料实验[M]，北京：中国建筑工业出版社，2009.

[2] 张亚梅. 土木工程材料[M]. 南京：东南大学出版社，2013.

[3] 韩建国. 透水混凝土的性能和应用现状综述[J]. 混凝土世界，2014(10)：46－52.

[4] 杜晓青. 再生骨料透水混凝土的研究[D]. 西安：西安理工大学. 2016.

[5] 刘华先. 探讨基于海绵城市理念下的城市道路设计[J]. 技术与市场，2018，25(7)：135，137.

[6] 李钧，朱仁玉. 高强度透水混凝土的研制及其参数确定[J]. 江西建材，2018(2) 16,18.

[7] 张炯，孙杰，黄金梅，等. 海绵城市透水混凝土应用技术[M]. 北京：中国水利水电出版社，2019.

[8] 朱峰. 抗冻透水混凝土研制及其性能研究[D]. 泰安：山东农业大学. 2017.

[9] 杨大智，智能材料与智能系统[M]. 天津：天津大学出版社，2000.

[10] 姚康德，成国祥. 智能材料[M]. 北京：化学工业出版社，2002.

[11] 徐兴声. 智能建筑的发展与可持续发展方向[J]. 建筑学报，1997(6)：20－22.

[12] 杜善义，冷劲松. 智能结构与材料[M]. 北京：科学出版社，2001.

[13] 程显强. 智能混凝土的研究现状及其发展趋势[J]. 低温建筑技术，2009，31(5)：20－21.

[14] WANG C，Li K Z，Li H J，Influence of CVI Treatment of Carbon Fibers on the Electromagnetic Interference of CFRC Composites [J]. Cement and Concrete Composites. 2008，30(6)：478－485.

[15] 姚武，吴科如. 智能混凝土的研究现状及其发展趋势[J]. 新型建筑材料，2000(10)：22－24.

[16] 匡亚川，欧进萍. 具有损伤自修复功能的智能混凝土梁[J]. 功能材料，2007，38(11)：1866－1870.

[17] 王灿才. 3D打印的发展现状分析[J]. 数字化技术，2012(09)：37－41.

[18] 顾军，芮延年，唐维俊. 建筑机器人的研究与应用[J]. 昆明理工大学学报，2007，21(01)：54－59.

[19] 郭梅静. 墙面抹平机器人设计及仿真[D]. 济南：山东建筑大学，2007.

[20] 赵国藩，黄承逵. 纤维混凝土的研究与应用[M]. 北京：中国建筑工程出版社，2002，

[21] 洪雷. 混凝土性能及新型混凝土技术[M]. 大连：大连理工大学出版社，2005.

[22] GB 50367—2013，混凝土结构加固设计规范[S]. 北京：中国建筑工业出版社，2013.

[23] 邓明科，杨铄，梁兴文. 高延性混凝土加固无筋砖砌体墙抗震性能实验研究[J]. 土木工程学报，2018，51(6)：43－53.

[24] 邓明科，张阳玺，胡红波. 高延性混凝土加固钢筋混凝土柱抗震性能实验研究[J]. 建筑结构学报，2017，38(6)：86－94.

[25] 邓明科，李琦琦，马福栋，等. 高延性混凝土加固RC梁抗剪性能实验研究[J]. 工程力学，2020，(5)：55－63.